APEC 环境产品与服务

李丽平　张　彬　肖俊霞　赵　嘉　著

中国环境出版社·北京

图书在版编目（CIP）数据

APEC 环境产品与服务/李丽平等著. —北京：中国环境出版
社，2016.12

ISBN 978-7-5111-0842-5

Ⅰ．①A… Ⅱ．①李… Ⅲ．①亚太经济合作组织—环境
保护—国际合作—研究 Ⅳ．①X-11

中国版本图书馆 CIP 数据核字（2016）第 313616 号

出 版 人	王新程	
责任编辑	赵楠婕	
责任校对	尹 芳	
封面设计	金 喆	

出版发行	中国环境出版社
	（100062 北京市东城区广渠门内大街 16 号）
	网 址：http://www.cesp.com.cn
	电子邮箱：bjgl@cesp.com.cn
	发行热线：010-67125803，010-67113405（传真）
印 刷	北京盛通印刷股份有限公司
经 销	各地新华书店
版 次	2016 年 12 月第 1 版
印 次	2016 年 12 月第 1 次印刷
开 本	787×1092 1/16
印 张	12.5
字 数	190 千字
定 价	45.00 元

前　言

环境产品与服务是推动绿色增长的重要内容。APEC 是推动环境产品与服务合作最早的机构之一，是全球环境产品与服务合作的"孵化器"和"引领者"。环境产品与服务合作是 APEC 最早开展的领域之一。当前 APEC 环境产品与服务已经取得重要成果。

开展 APEC 环境产品与服务研究具有重要意义，主要原因有三：一是 APEC 环境产品与服务市场在全球环境产品与服务市场中占到 60%以上份额，环境产品与服务作为新兴产业成为全球经济新的增长点，许多经济体环境产品与服务产值占到其 GDP 的 2%以上。二是 APEC 环境产品与服务合作在贸易协定所包含的货物贸易自由化、投资和服务贸易自由化、贸易和投资便利化、经济技术合作、保障条款和争端解决机制中都有提及，对贸易协定中环境规则的影响深远，APEC 环境产品与服务合作是 WTO 环境产品与服务规则、诸边环境产品协定谈判、双边或区域自由贸易协定环境规则的重要基础。三是中国对 APEC 环境产品与服务合作做了大量工作，未来应该发挥更大作用。

本书作者是 APEC 环境产品与服务合作的亲历者和研究者。作者从 20 世纪末即开始接触和参与 APEC 环境产品与服务相关事务，特别是主持或参加了若干 APEC 环境产品与服务相关国际会议。另外，作者参与或主持过多项 APEC 环境产品与服务合作国际和国内项目，本书内容即是项目的部分成果。

本书由环境保护部环境与经济政策研究中心李丽平和张彬总体设计，具体分工如下：第 1 章引言由张彬、李丽平执笔；第 2 章 APEC 环境产品与服务市场由李丽平、环境保护部环境与经济政策中研究中心段炎斐执笔；第 3 章 APEC 环境产品与服务合作历程由李丽平、张彬、环境保护部环境与经济政策研究中心赵嘉执笔；第 4 章 APEC 环境产品清单影响分析由李丽平、张彬执笔；第 5 章 APEC 环境服务贸易自由化分析由李丽平、环境保护部环境与经济政策中研究中心肖俊霞、张彬执笔；第 6 章 APEC 环境产品与服务合作对贸易框架下环境规则的影响分析由张彬、李丽平执笔；第 7 章中国参与 APEC 环境产品与服务合作初步研究由张彬、李丽平执笔；第 8 章 APEC 环境产品与服务合作趋势和建议由李丽平、张彬、肖俊霞执笔。本书由李丽平、张彬统一修改定稿。肖俊霞、赵嘉参与了本书的部分审定。

本书出版之际，要特别感谢在本书撰写过程中给予悉心指导和大力支持的环境保护部国际合作司，商务部国际经贸关系司、世界贸易组织司、服务贸易和商贸服务业司以及南开大学等机构的领导和专家！感谢给予支持和帮助的环境保护部环境与经济政策研究中心的领导和同事！感谢中国环境出版社赵楠婕编辑在出版过程中给予的鼎力帮助！感谢所有与我们密切合作的研究机构和个人！

受资料和水平所限，本书对于 APEC 环境产品与服务的研究非常初步，需要进一步研究的问题还有很多，衷心希望并感谢有关专家、读者对本书提出宝贵意见和建议！

作　者

2016 年 9 月

目　录

1 引 言

亚太经合组织（APEC）是亚太地区一个重要的经济合作论坛。该组织成立于 1989 年，到目前为止，共有 21 个经济体，分别是：澳大利亚、文莱、加拿大、智利、中国、中国香港、印度尼西亚、日本、韩国、马来西亚、墨西哥、新西兰、巴布亚新几内亚、秘鲁、菲律宾、俄罗斯、新加坡、中国台湾、泰国、美国、越南，其宗旨是推动多边自由贸易和投资，促进区域经济持续增长。在开展相关活动中 APEC 逐渐形成了自主自愿、协商一致的原则。自成立以来，APEC 依靠贸易投资自由化、便利化（TILF）和经济技术合作这两个"轮子"，为推动亚太地区贸易投资自由化和经济技术合作，促进地区经济发展和共同繁荣作出了突出贡献，成为连接太平洋两岸和亚太地区的一条重要纽带。

由于环境与贸易问题凸显，贸易组织加强了对环境与贸易问题的关注。APEC 成立伊始便意识到环境与贸易问题的重要性，提出："加强发展合作……使我们更有效地开发亚太地区的人力和自然资源以实现亚洲经济的持续增长和平衡发展"，并要求"……在环境问题上进行有效合作，对可持续发展做出贡献……"在此背景下，APEC 自然而然成为最早关注、涉及并采取务实措施积极推动环境产品与服务合作的国际机构之一。

1.1 研究背景

环境产品与服务合作是在环境与贸易问题不断深化的背景下应运而生

的。贸易和投资作为拉动经济增长"三驾马车"中的两驾，对生产活动有着重要的影响，贸易和投资不仅可以在很大程度上决定产品的产量，也能影响产品的生产方式，这些将通过生产活动对环境产生影响和压力。因此，为协调环境与贸易问题，1971 年关贸总协定（GATT）成立了第一个与环境相关的工作组——环境措施与国际贸易工作组，同年 GATT 秘书处撰写了《工业污染控制与国际贸易》报告（*Industrial Pollution Control and International Trade*），引发了 1972 年瑞典斯德哥尔摩联合国人类环境会议对环境与贸易投资议题的初步探讨，拉开了环境与贸易问题的序幕。1992 年里约环境与发展大会宣布的《里约宣言》中将原则 44 "为实现可持续发展，环境保护应该是发展过程的一体化部分，而不能被割裂开来单独考虑"和原则 12 "用于环境目的的贸易政策措施不应该成为一种主观歧视或国际贸易的变相扭曲"作为重要原则。按照这一思路，环境保护，包括贸易协定，应该成为促进经济发展国际行动的一部分。大会通过的《21 世纪议程》第 2 章第 2.3 段提出"国际经济应该通过（a）贸易自由化促进可持续发展；（b）使贸易和环境相互支持等，来实现环境和发展目标"，这标志着环境与贸易讨论进入了活跃期。

在此背景下，由于环境产品与服务的发展既能推动贸易，又能改善环境，从而被视作连接环境与贸易的纽带而进入贸易组织的视野。在经济合作组织（OECD）发布的《环境产品、产业和市场的报告》中，环境产品的概念被首次提出，经合组织认为环境产品贸易将有助于改善全球环境。受国际潮流及自身定位的影响，环境产品与服务的相关讨论很快在 APEC 框架下开展。在 1997 年召开的加拿大 APEC 第五次领导人会议上，环境产品与服务被确定为 APEC 15 个提前自由化部门之一。同年，美国、新西兰等提出了一份包括空气污染治理、可再生能源利用在内共计 10 大类、109 个产品的环境产品清单，该份清单在 APEC 讨论后于 1999 年提交世贸组织（WTO）做后续讨论。随后，在 WTO《多哈宣言》中要求成员就"降低或适当消除环境产品与服务的关税和非关税壁垒"进行谈判，环境产品与服务正式被纳入 WTO 多哈回合谈判。然而，由于环境产品界定的问题一直未能解决，WTO 下环境产品谈判陷入僵局。此后，APEC 重拾环境产品谈判，于 2012 年达成了全球首份用于降税的环境产品清单，为 WTO 和 APEC 下环境产品与服务谈判注入强大动力，使 WTO 于 2014 年重新开始环境产品诸边谈判，而 APEC 在 2012 年之后仍继续推动环境产品与服务合作，并将重点转向落实降税承诺和推动环境服务贸易自由化之上，并于 2015 年通过了《环境服务行动计划》。

可以看出，环境产品与服务合作已成为 APEC 实现区域绿色增长的重要手段，并在 APEC 框架中开展了丰富的活动，并取得了重大的成果。未来，环境产品与服务相关合作将在 APEC 框架下长期持续。

1.2 研究现状述评

国际上不乏对环境产品与服务的相关研究，但研究对象主要集中在环境产品和服务的定义及分类、市场水平及开放程度、环境产品与服务关税以及非关税壁垒上，如：OECD 发布的《环境产品、产业和市场的报告》，该报告首次提出了环境产品的概念，并认为环境产品贸易将有助于改善全球环境；OECD 发布的《全球环境产品与服务产业》报告，对全球环境产业的定义、发展、贸易、就业展开了分析，在此基础上分析了环境产业发展面临的相关政策壁垒以及影响因素，最后提出了相关的政策建议；此外，OECD 还和欧盟统计局（EUROSTAT）于 1999 年联合发布了《环境产品与服务产业数据收集和分析手册》，系统指导环境产品与服务产业相关数据的收集与分析；2005 年 OECD 发表《环境产品：APEC 与 OECD 清单的比较》，将 APEC 环境产品清单（成员提名）与 OECD 提出的环境产品清单（基于 OECD 对环境产业的界定）进行了比对分析。除 OECD 就环境产品与服务开展相关研究外，联合国环境规划署（UNEP）也就环境产品和服务开展了相关研究，2012 年发布了《环境产品与服务简报：环境服务》，对全球环境服务业发展状况、市场开放水平等进行了简要分析。此外，配合 2012 年APEC 环境产品清单的达成，APEC 政策支持机构（PSU）发表了《APEC

环境产品清单》，对 APEC 2012 年达成的环境产品清单的类型、成员间关税水平、进出口贸易额度等进行了详细分析，并对 APEC 清单的应用提出了相关建议。总体来讲，在国际上对于环境产品与服务的研究和讨论丰富，但是具体到 APEC 环境产品与服务合作来讲研究较少，特别是系统梳理和分析 APEC 环境产品与服务合作的历史进程、演进路径、规则影响等方面的研究就更少了。

在中国，对于 APEC 的研究相对较多，但研究主要集中在面上，包括：APEC 总体进程、经济技术合作相关研究、贸易投资自由化效果等，如：沈骥如（2002）《论中国与 APEC 的相互适应》、张彬（2005）《APEC 经济技术合作研究》、宫占奎（2014）《APEC 演进轨迹与中国的角色定位》、刘晨阳（2011）《2010 年后的 APEC 进程：格局之变与中国的策略选择》等，这些研究主要关注点在于对 APEC 整体现状和形势进行分析，以及对中国参与 APEC 的相关情况梳理和分析。此外，中国的研究成果中对于 APEC 成员的相关参与情况研究也比较多，但是具体到环境产品与服务合作领域的专题研究相对较少，目前可获得的相关资料仅有李丽平、张彬等撰写的《环境产品缘何受 APEC 关注》（2012）、《积极推动 APEC 环境产品与服务合作》（2014）、《APEC 环境产品与服务合作进程、趋势及对策》等文章。

因此，可以说尽管环境产品与服务在国际和国内都是热门话题，但是系统对 APEC 开展环境产品与服务合作进行分析，开展相关评估、开展趋势分析并提出相关对策建议的研究还仍是空白。

1.3　研究意义

加强环境产品与服务合作，一方面能够借助环境产品与服务贸易自由化促进 APEC 成员间贸易增长，另一方面也能够使 APEC 各成员以更加低廉的成本使用环境产品与服务来应对环境挑战，此外在某种意义上还能促进附着在环境产品与服务上的环境技术在 APEC 成员间的传播，因而环境产品与服务被视为推动绿色增长的重要途径而备受 APEC 成员关注，并在

APEC 历程中持续不断推进环境产品与服务相关合作。

以 1994 年作为 APEC 环境产品与服务合作的起始之年，迄今 APEC 在环境产品与服务领域已持续开展了 20 多年的相关合作，并取得了重要的合作成果。在此背景下，梳理 APEC 环境产品与服务合作的相关脉络、总结 APEC 取得的相关成果并进行系统分析和评价，进而展望 APEC 环境产品与服务合作趋势并提出相关建议具有重要的理论和实践意义。

从理论意义上看，环境产品与服务作为环境与贸易研究中重要的组成部分，对其加强相关研究，有利于理解环境对贸易以及贸易对环境的影响，从加强环境与贸易相互支持的角度认识环境与贸易问题，从而加强环境政策与贸易政策的协调，有利于丰富和完善环境与贸易理论研究。

从实践意义上看，APEC 作为全球重要的贸易组织之一，在亚太地区有着重要的影响力。作为最早开展环境产品与服务合作的机构，APEC 在该领域一直扮演"先行者"和"孵化器"的角色，对全球其他贸易组织开展环境产品与服务合作产生了重要的示范作用。因此，研究 APEC 环境产品与服务合作，具有重要的实践意义和价值。一是研究 APEC 环境产品与服务合作，可以加深对环境产品与服务合作在绿色增长方面作用的理解，进一步为实现可持续发展目标（SDG）中的贸易目标提供借鉴；二是研究 APEC 环境产品与服务合作，总结 APEC 相关成果，可以为其他贸易机构推动环境与贸易相互支持提供重要的参考；三是研究 APEC 环境产品与服务合作，总结经验和教训，分析未来趋势，对于未来 APEC 更好地开展环境产品与服务合作有着重要的借鉴意义。

1.4 研究方法

本书研究方法基于对 APEC 环境产品与服务合作相关文献的分析和研究，特别是研究梳理了历年 APEC 领导人宣言、部长声明以及 APEC 环境产品与服务合作相关文件。结合可获得的第一手评论和材料，不仅实地调研，还直接采访参加 APEC 环境产品与服务谈判的专家及参与 APEC 相关

环境议题研究的专家，其中不仅包括中国专家，也包括国外专家；不仅
包括环境领域专家，也包括贸易、投资等方面的专家以及某一特定领域
的专家。在进行环境产品贸易自由化分析时借助相关模型开展了定量研
究。具体的研究方法包括文献综述、专家对话、头脑风暴、比较分析、
数理统计等。

1.5　内容结构和技术路线

本书通过 8 个章节对 APEC 环境产品与服务合作进行了研究。全书大
致可以分为四个部分。第一部分从全局的角度分析了 APEC 环境产品与服
务合作的背景及历程，包括全球环境产品与服务市场和产业发展的概况以
及 APEC 开展环境产品与服务合作的历史演进。第二部分具体从环境产品
与服务的领域和规则角度进行了分析，特别是对 2012 年环境产品清单的达
成及其影响、APEC 开展的环境服务领域相关合作以及由此衍生的 APEC
环境产品与服务合作对贸易框架下环境规则的影响进行了系统分析。第三
部分从中国视角分析了中国参加 APEC 环境产品与服务的进程以及发挥的
相关作用。第四部分基于前三部分的分析，对 APEC 环境产品与服务合作
的相关趋势进行了预测，并提出了相关政策建议。具体到各个章节为：第 1
章对全书研究背景、相关研究现状、研究意义、范围和方法进行了归纳和
总结；第 2 章对环境产品与服务市场进行了分析，既分析了全球市场，又
分析了 APEC 区域市场，在此基础上还对重要 APEC 成员的环境产品与服
务市场进行了分析，这是 APEC 开展环境产品与服务合作重要的现实和市
场基础；第 3 章从全局的角度梳理了 APEC 环境产品与服务合作的历程，
总结了 APEC 环境产品与服务合作的特点及原因；第 4 章和第 5 章按照环
境产品与环境服务两个领域分别进行了分析，对 APEC 开展的相关合作活
动进行了评估；第 6 章从具体的合作活动抽象到规则领域的合作，分析
APEC 在环境产品与服务领域的合作对 APEC 规则乃至贸易框架下环境规
则的影响；第 7 章将研究的重心放在了中国，分析了中国参与 APEC 环境

产品与服务合作的历程，并对出发点和动因进行了初步分析；第 8 章基于全书的梳理和总结，对未来 APEC 环境产品与服务合作的趋势进行了展望，在此基础上提出了相关的对策和建议。

全书研究技术路线如图 1-1 所示。

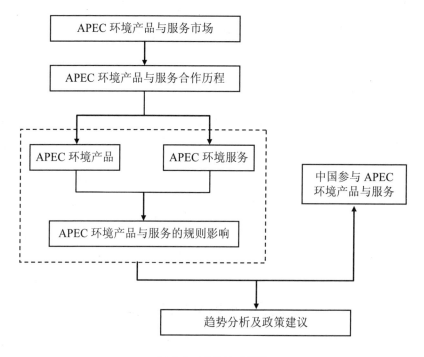

图 1-1　研究技术路线

2 APEC 环境产品与服务市场①

全球环境产品与服务业发展速度很快，近年来平均增速为 3.1%，超过经济增长速度。环境产品与服务业对经济的贡献较高，有的地区占到 GDP 的 1%。APEC 环境产品与服务占全球环境产品与服务市场的比例接近三分之二，是主要市场。由于全球环境污染不断恶化，不论是全球还是 APEC，环境产品与服务业增长潜力都较大。环境产品与服务业发展的驱动力主要是环境立法和执法。

2.1 全球环境产品与服务市场发展的趋势和特点

2.1.1 全球环境产品与服务市场规模和国民收入成正比例关系

相关数据显示，全球环境产品与服务业市场的发展与整体经济发展水平紧密相关，成正比例关系，年均增速略高于经济增长速度。1997 年环境产业产值为 4 920 亿美元，其中，环境服务业产值为 2 501 亿美元。2012 年

---

① 由于没有环境产品与服务统一的定义、标准和范围，很难评估全球或某一地域环境产品与服务的市场和贸易情况。本书关于环境产品与服务市场的数据除非特别说明，主要采用了美国环境商业国际公司（EBI）的数据，主要原因是：第一，WTO 秘书处发布的报告、经济合作与发展组织（OECD）等所发布的报告全部采用该公司数据，具有一定权威性；第二，该数据是目前各国间唯一可以相互比较的数据；第三，该数据也是目前研究国际环境产品与服务唯一可得的数据。根据 EBI 的定义，环境产业由环境产品、环境服务、资源回收组成。环境产品主要指水设备和化学试剂、大气污染控制产品、设备和信息系统、废物管理设备、处置和预防技术；环境服务主要指固体废物管理、危险废物管理、咨询和工程服务、补救和工业服务、分析服务、水处理等。

环境产业产值为8 580亿美元①,年均增速5%,其中,环境服务业产值为3 810亿美元,年均增速3.5%,而1997—2012年世界GDP年均增速约为2.9%,可见,环境产业和环境服务的增长速度高于GDP年均增长速度。此外,从1997—2012年两者的具体走势来看,两者的发展都表现出较高的同步性(见图2-1)。2008年下半年全面爆发的金融危机蔓延到实体经济,导致2009年全球GDP负增长2.1%,为1997年以来最大下滑幅度;而同年环境产业和服务业均出现了1997年以来的首次负增长。随着2010年全球经济复苏,环境产业和服务业产值也开始增长。

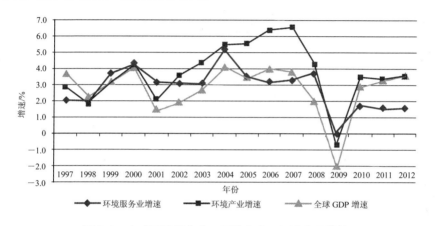

图 2-1   全球环境服务业、环境产业及经济发展趋势

资料来源:环境服务业增速、环境产业增速:根据 Environment Business International 数据整理;
1997 —2008 年 GDP 增速:UN Data;2009—2012 年 GDP 增速:世界银行《2010 世界经济展望》。

2.1.2   全球环境服务业占环境产业的一半份额

环境服务业的发展是环境产业化的高级阶段,全球环境服务业产值占环境产业产值的50%左右,环境产业步入成熟期。2001年这一比重最高,为52%,但2003年以来环境服务在环境产业中所占比重有逐年下降趋势,到2005年环境服务业市场份额已不足50%,2010年降为46%,环境产品的发展超过了环境服务的发展速度(见图2-2)。这主要是由于21世纪以来,

——————————————

① 当时的预测值。

发展中经济体的环保产业进入快速发展期，新开工环境治理工程项目增多，带动了制造业的发展。随着发展中经济体环境治理基础设施的健全和完善，环境服务业所占比重将逐渐回升。

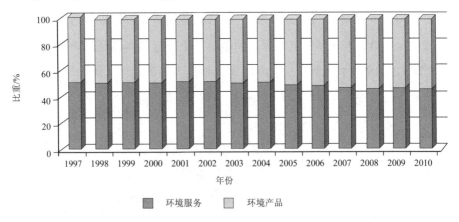

比重/%

图 2-2　1997—2010 年环境服务和环境产品市场

资料来源：Environment Business International, Inc., San Diego, California.

2.1.3　环境产品与服务市场地区发展不平衡

从地区分布看，全球环境产品与服务市场主要集中在美国、西欧和日本（见图 2-3）。2008 年，这三个地区的环境服务业产值为全球环境服务业产值的 80.3%。其中美国占 39.8%，西欧占 28.2%，日本占 12.3%。但发达经济体环境产业产值占全球环境产业产值的比例在逐渐下降（见图 2-4），环境服务业在全球环境服务业中的比重也相应下降。1996 年美国、西欧和日本环境产业产值占全球的 86%，之后呈逐年下降趋势。其主要原因是这些发达经济体的工业生产已经高度符合相关的法规规定，如再进一步提高环保要求，发达经济体市场对环境服务的需求也不会有明显增长。与此相对照，非洲、亚洲和拉丁美洲发展中及最不发达地区的环境服务市场不断壮大，在 1996 年只占全球市场份额的 7%，到 2010 年这一比例已达 14%，特别是亚洲和非洲环境服务市场保持了年均 10%左右的增长率。这是因为随着其经济发展、人口增长及城市化不断加强，这些经济体开始逐步颁布严格的环境法规，将环境服务业的发展纳入世界发展的轨道，但总体上所占比例仍然很低。亚洲（除日本外）只占 9.3%，拉美占 3.6%，中东占 2.6%，非洲占 1.2%。

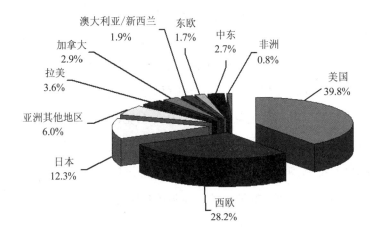

图 2-3　2008 年全球环境服务市场区域分布

资料来源：Environment Business International Inc.，San Diego，California.

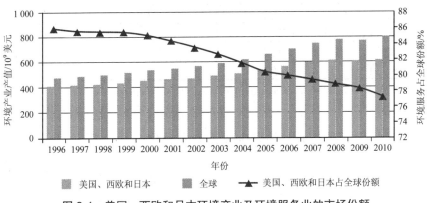

图 2-4　美国、西欧和日本环境产业及环境服务业的市场份额

资料来源：Environment Business International，Inc.，San Diego，California.

2.1.4　环境产品与服务贸易发展潜力巨大

2007年和2009年环境产业贸易额占全球环境产业总产值的比重分别为

16%和 17%，呈逐渐上升趋势，环境服务业贸易额占环境产业贸易额的比重约为 11%。美国环境产业出口收入占国内环境产业总产值的比重已由 1994 年的 6.7%增长到 2009 年的 13.9%。20 世纪 90 年代末开始，西欧、澳大利亚和加拿大的环境服务出口也显著增加。一方面是美国、日本、西欧等发达地区的环境产品和服务在国内的市场趋于饱和，希望寻求和开拓新的国际市场，因而美国、西欧和日本成为主要的环境服务出口国，这三个地区 2009 年环境出口额占全球环境产业贸易总额的比例达 88%；另一方面是由于经济强劲发展和环境意识不断提高，东亚、东南亚、拉丁美洲、中东欧地区的环境服务需求迅速增长，需要进口环境服务满足国内需求。在这两方面因素的共同作用下，东亚等发展中经济体成为环境服务国际贸易增长最快的地区。目前，发展中经济体是环境服务的净进口国（逆差）。

表 2-1 2009 年各地区环境产业贸易均衡情况

地区	贸易均衡情况	地区	贸易均衡情况
美国	顺差	加拿大	逆差
西欧	顺差	澳大利亚、新西兰	顺差
日本	顺差	中、东欧	逆差
亚洲其他地区	逆差	中东	逆差
墨西哥	逆差	非洲	逆差
拉美其他地区	逆差		

资料来源：Environment Business International Inc.，San Diego，California.

2.1.5 环境产品与服务投资主体逐渐多元化

由于许多环境产品与服务项目都具有公共事务的特点（如公共垃圾处置场、污水处理厂），传统上这些服务都是由政府提供，而且大多是由地方政府提供。因此，环境服务投资也主要由政府承担，私人部门或受条件制约不被允许，或无利可图不愿意进入这些领域。近年来，随着环境经济学的发展，以及公共物品理论、产权理论、外部性理论的深入，中国、泰国、马来西亚等开始在这些部门实施"建设—运行—转让"（BOT）等运行模式，引导私人部门进行资金投入。发达经济体更是在"公共事务"私有化方面有了很大改变，美国在垃圾收集服务领域私有化水平不断提高，水处理服务现在虽然仍然由政府主导，但私有化步伐也在加快。相比之下，法国和英国的水处理和废物处置服务私有化程度已达到很高的水平。

2.2 APEC 环境产品与服务发展趋势及特征

除了欧洲以外，APEC 各经济体是环境产品与服务的主要市场，2012 年 APEC 环境产品与服务市场约占全球环境产品与服务市场的 63%。根据 WTO 提出的 164 个环境产品清单[①]，APEC 出口到世界的环境产品 2010 年达到 4 435 亿美元，占全球贸易的 50.8%，增长率为 13.5%。APEC 环境产品的进口值与出口值相当。APEC 成员间的贸易 2010 年达到 2 693 亿美元，增长率达到 11.8%，占世界贸易的 30.9% 及 APEC 出口到世界环境产品的 50.9%。

2.2.1 澳大利亚

澳大利亚环境产品与服务市场比较成熟，水处理技术居于世界前列。2010 年澳大利亚环境产业市场规模达 113 亿美元，环境服务业市场规模约为 60.5 亿美元。2001—2010 年环境产业年均增速为 5.1%，预计 2011—2014 年年均增速减缓至 3.9%，2014 年环境产业市场规模达 132 亿美元[②]。澳大利亚环境领域有 1 200 多家企业及机构，在污水处理服务、环境咨询与工程设计服务和环境修复服务领域有很强的国际竞争力。严峻的用水问题促使澳大利亚成为主要的先进水处理技术市场，在水循环利用技术上处于世界领先水平。

---

① 2007 年 4 月，加拿大、欧盟、日本、韩国、新西兰、挪威等 WTO 成员发布了一个 164 个税号的环境产品清单，包含空气污染控制、固体和危险废物管理、土壤和水的清洁和补救、可再生能源、热河能源管理、废水管理和饮用水处理、环境友好产品、清洁或资源高效产品、自然风险管理、自然资源保护、噪声和振动消除、环境监测分析和评估设备等 12 个类别。

② 当时的预测值。

2.2.2 加拿大

加拿大国内具有稳健的环境产品和服务市场和不断演进的生态保护政策体系，有望成为未来国际环境产品和服务市场上的重要力量。加拿大市场结构具有行之有效的制度规定，激烈的市场竞争，广泛的工业基础及其环境、健康、安全方面的管理需求。近年来加拿大环境产业增速不断提高，2001 年环境产业市场规模为 151.7 亿美元，2010 年增长至 201.4 亿美元，年均增长率达 3.2%，但增速整体低于世界平均水平（见图 2-5）。加拿大环境服务业中，固体废物管理和污水处理服务占较大比重，2008 年两者市场规模分别达 36.0 亿美元和 30.1 亿美元，分别占本国环境服务业市场规模的 33.9% 和 28.4%。加拿大的环境产品与服务市场内需庞大，出口较少，为环境产品和服务净进口国。2007 年环境产品和服务贸易逆差为 6 亿美元，2009 年贸易逆差为 3 亿美元，相比于加拿大 196 亿美元的环境产业产值（2009 年）环境产品和服务贸易只占很小份额。

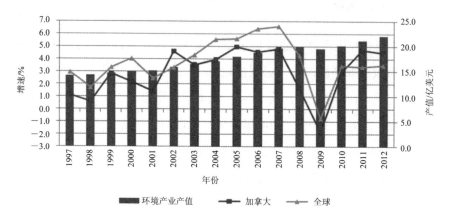

图 2-5　1997—2012 年加拿大环境产业市场规模及增速

资料来源：Environment Business International Inc., San Diego, California.

2.2.3 智利

智利环境产品与服务业发展迅速、市场潜力巨大。2010 年智利环境产业市场规模约为 34.8 亿美元，拥有 2 010 家私营企业，雇佣劳动者共达 28 700

人，环境产业产值占全国 GDP 总量的 1.7%。2006—2008 年，GDP 年均增长为 3.5%～4.5%，而环境产业的增速比其高出 5～6 个百分点，平均年增长率达 8%～10%。智利环境产业产值从 2006 年的 26.8 亿美元（占当年 GDP 的 1.5%）增长到 2010 年的 34.8 亿美元。智利环境产业的快速发展得益于供水服务、污水处理服务的快速发展。2010 年，此两项环境服务共约占整个环境产业市场的 60%，水运输、处理设备和化学药剂、固废管理服务分别位列第二位和第三位，所占比例依次为 15%、11%。智利的环境产品主要依靠进口。2010 年智利环境产品市场规模约为 7.7 亿美元，占整个环境产业市场规模的 22%，其中约 62%依赖进口。

2.2.4 中国

中国环境产品与服务业起步较晚、发展较快。20 世纪 90 年代后期，随着环境立法不断完善，环境执法不断严格，以及市场化的逐步推进，环境产品与服务业发展明显加快，特别是污水和固体废弃物处理市场化率增长显著。

据美国环境商业国际公司（EBI）数据显示，中国 1994 年环境服务业市场规模为 14.8 亿美元，占环境产业的 39.47%；到 2000 年增长到 21.9 亿美元，占环境产业的 39.46%，环境服务年均增长 8%。2010 年中国环境产业市场规模为 320 亿美元，折合人民币 2 166.4 亿元。但根据中国环保产业协会估计，2006—2010 年中国环境服务业保持年均 30%以上的速度增长，环境产业产值年均增长 15%。2010 年环境服务业收入总额比 2004 年增长了约 4.7 倍。2010 年末，中国环境服务业年收入总额约 1 500 亿元，环境服务业在环境产业中的比重约为 15%，从业单位约 1.2 万家，从业人数约 270 万人（见表 2-2）。2010 年环境产业的年收入总值约 11 000 亿元，占 GDP 的比重为 2%～3%。

可以看出，由于涵盖范围不同、统计口径不同，国内和国外数据对于中国环境服务业的数据描述差异较大（见表 2-3）。

表 2-2　中国环境服务业发展概况

项　目	1993 年	2000 年	2004 年	2011 年
从业单位数/个	3 401	5 930	3 387	23 820
从业人数/万人	—	16.4	17.0	320
年收入总额/亿元	11.1	108.0	264.1	30 752.5
年利润总额/亿元	6.6	10.6	26.2	2 777.2
利润率/%	59.5	9.8	9.9	9.03

资料来源：1993 年、2000 年、2004 年、2011 年数据来自全国环境保护相关产业（调查）状况公报。

表 2-3　关于中国环境服务业规模的国内和国外数据比较

年份	环境服务业市场规模/亿元		环境产业市场规模/亿元	
	国内数据	EBI 数据	国内数据	EBI 数据
2000	108	148	—	376
2010	1 500	—	11 000	2 166.4

注：EBI 数据为美元折合成人民币，统一使用 1 美元=6.77 元人民币的汇率。

资料来源：Environment Business International，Inc.，San Diego，California.

EBI 数据显示，2004—2010 年中国环境产业年增长速度均在 10%以上，最高时增速达 19.5%。在 2009 年全球环境产业负增长 0.7%时，中国环境产业增速仍高达 10.4%（见图 2-6）。

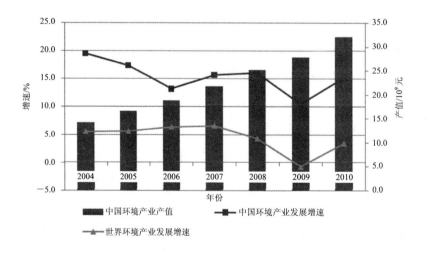

图 2-6　2004—2010 年中国环境产业发展趋势

资料来源：Environment Business International Inc.，San Diego，California.

中国环境产业与经济发展水平的变动趋势基本一致，但变动幅度大于后者。从图 2-7 可以看出，两者为正相关关系，2009 年中国 GDP 增长 8.7%，为 2002 年以来的最小增幅，比 2008 年下滑 0.3%，而环境产业增长 11.8%，比 2008 年下滑 5.7%，同为 2002 年以来的最小增幅。环境产业受经济发展水平影响波动较大。

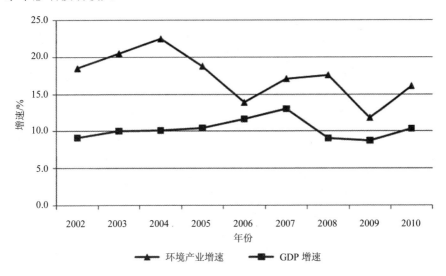

图 2-7　中国环境产业发展趋势与经济发展的关系

资料来源：环境产业增速：Environment Business International Inc.，San Diego，California；2002—2008 年 GDP 增速：UN Data；2009 年、2010 年 GDP 增速：统计局。

2.2.5　日本

日本是全球环境产品与服务第二大国。2008 年日本环境产业市场规模达 1.005 亿美元，占全球环境产业总产值的 12.9%。

近年来，日本环境产品与服务业发展速度减缓，环境产业的增长速度也整体低于世界平均水平（见图 2-8）。与此相对应，日本环境产业在全球环境产业中的比重也有逐年下降趋势，1997 年和 2010 年日本环境产业市场规模分别为 937 亿美元和 976 亿美元，占全球环境产业的比重从 19.1%下降到 12.2%。

表 2-4　1997 年、2004 年、2008 年日本环境产品和服务发展情况

日本	1997 年	2004 年	2008 年
环境产品市场规模/10^6 美元	16	17.1	16
环境服务业市场规模/10^6 美元	44.6	46	44.6

资料来源：Environment Business International Inc.，San Diego，California.

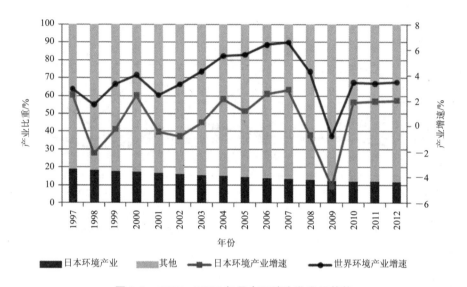

图 2-8　1997—2012 年日本环境产业发展趋势

资料来源：Environment Business International Inc.，San Diego，California.

　　日本空气污染治理产品与服务在其环境产品与服务业中占重要地位，未来在固体、危险废物管理产品与服务，污水处理产品与服务，环境修复产品与服务方面还存在较大上升空间。

2.2.6　韩国

　　韩国环境产品与服务业起步晚，但发展迅速。2010 年韩国环境产业市场规模达 103 亿美元，占全球环境产业的 1.3%，占本国 GDP 的 1.0%。近年来，韩国环境产品与服务一直保持稳定增长，即使在 2009 年全球环境产品与服务出现负增长的情况下，韩国环境产业市场规模仍然达到 96.7 亿美元，保持了 2.2%的正增长。此外，韩国环境产品与服务增速一直高于全球

平均水平，2010 年环境产品与服务增速为 6.5%，约为全球增速的 2 倍。

韩国环境产品与服务业的重点发展领域为空气污染防治、污水处理和废物处置。韩国计划投资 3 亿美元用于环境领域 22 个项目的研究，其中 6 个项目为空气污染领域。韩国政府每年新建约 10 个市政污水处理厂，并对现有污水处理设施升级改造。

韩国环境产品与服务主要靠国内市场供给，环境产品与服务进口比例较小。其中，进口部分的 40%～50% 来自日本，其次是美国和德国。与进口相比，韩国的环境产品与服务出口更少，为环境产品与服务净进口经济体。

2.2.7 墨西哥

墨西哥环境产品与服务业增长迅速，环境产业与经济发展水平关系密切。2001 年墨西哥环境产业市场规模为 37.7 亿美元，2010 年增长至 66.7 亿美元，环境产业年均增长 6.5%，其中 2005 年增速高达 13.4%。墨西哥环境产业发展与经济发展水平高度相关（见图 2-9），1997—2010 年两者几乎保持了同样变动方向，环境产业增速略高于 GDP 增速。环境产品和服务进口在墨西哥环境市场中占较大比重，2007 年进口额为 30.4 亿美元，占环境产业市场规模的 49%，贸易逆差 25 亿美元；在 2009 年经济出现负增长的情况下，墨西哥环境服务和产品进口额仍达 29.8 亿美元，占环境产业市场规模的 47%，贸易逆差 22 亿美元。墨西哥环境服务业主要集中在固体废物和危险废弃物管理、空气污染控制领域。

2.2.8 新西兰

新西兰环境产品与服务业发展比较成熟，但落后于美国、日本等经济体。2010 年环境产业市场规模为 20.1 亿美元，其中环境服务业市场规模约为 10.7 亿美元。环境产业市场规模占全球环境产业的 0.25%，占本国 GDP 的 1.43%，而美国、日本环境产业占 GDP 的比重均超过 2.0%。新西兰环境产业增速与 GDP 增速基本保持同步变动，与全球环境产业增速相差不大（见图 2-10）。

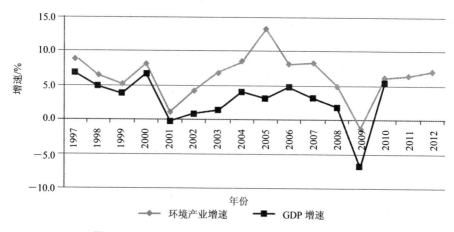

图 2-9　1997—2012 年墨西哥环境产业与 GDP 增速

资料来源:环境产业增速:根据 Environment Business International Inc.数据整理;1997 —
2008 年 GDP 增速:UN Data;2009 年、2010 年 GDP 增速:分别取自墨西哥财政与公
共信贷部、墨西哥统计署。

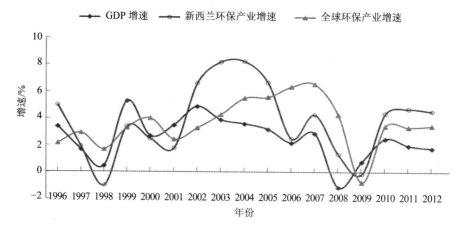

图 2-10　新西兰环保产业增速与本国 GDP 和全球环境产业增速对比

资料来源:新西兰环保产业增速、全球环境产业增速:根据 Environment Business International Inc. 数
据整理;1996—2009 年 GDP 增速:UN Data;2010—2012 年 GDP 增速:新西兰统计局、汇丰银行。

2.2.9　泰国

泰国环境产品与服务规模较小,但发展迅速。2010 年环境产业市场规模为 29.9 亿美元，占全球环境产业的 0.37%，占本国 GDP 的 0.94%。泰国环境产业增长与 GDP 增长具有较高的相关性，并且高于 GDP 增速（见图 2-11），2001—2010 年泰国环境产业年均增长 10.6%。泰国作为亚洲的新兴市场，与印度尼西亚、马来西亚、菲律宾、印度和中国一样，环境产业呈现出良好的增长势头。

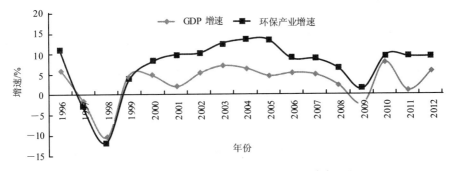

图 2-11　泰国环保产业增速与本国 GDP 增速对比

资料来源：泰国环保产业增速：根据 Environment Business International Inc. 数据整理；1996—2010 年 GDP 增速：UN Data；2011—2012 年 GDP 增速：泰国央行。

2.2.10　美国

自 20 世纪 80 年代开始，美国环境产品与服务业繁荣发展，年增速大部分在 10% 以上，最高时超过同期 GDP 增速的 12%。目前，美国已经形成包括环境测试与分析、污水处理、固体废物管理、危险废物管理、清洁与环境修复和环境咨询与工程设计在内的比较成熟的环境产品与服务体系。

美国是环境产品与服务业全球第一大国。1997—2010 年美国环境产业低速平稳增长，年均增速为 4.0%，略高于美国 GDP 增速（见图 2-12）。2014 年美国环境产业总收入为 3 537 亿美元，占美国 GDP 的 2.82%，增长 3.9%，就业人数达 174 万人。2011 年和 2012 年美国环境产业市场规模分别达到

3 057 亿美元和 3 130 亿美元[①]。环境服务业约占环境产业一半份额（见图 2-12），与环境产业的发展趋势基本保持一致[②]。

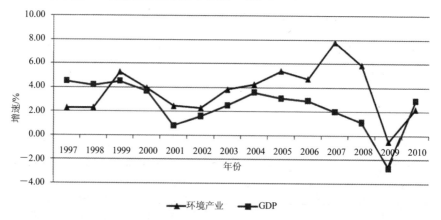

图 2-12　美国环境产业与经济发展关系

资料来源：环境产业增速：根据 Environment Business International Inc. 数据整理；1991—2008 年 GDP 增速：UN Data；2009 年、2010 年 GDP 增速：分别为 IMF 和美国商务部数据。

美国环境产品与服务业集中在废物管理和污水处理领域。2010 年美国废物管理服务产值为 611.5 亿美元，污水处理服务产值为 469.1 亿美元，环境咨询与工程设计服务产值为 270.2 亿美元，环境修复服务产值为 121.8 亿美元，环境测试与分析服务产值为 18.4 亿美元。废物管理服务是美国最大的环境服务市场，占环境服务产值的 42.0%；其次是污水处理服务市场，占环境服务产值的 31.5%。环境测试与分析服务的市场规模最小，仅为环境服务业产值的 1.2%。从 1980 年到 2010 年的 30 年间，美国环境服务业废物管理和污水处理服务占绝对优势的不平衡结构没有发生大的变化（见图 2-13）。

---

① 当时的预测值。

② 2007 年环境产业却出现了短暂的上升趋势，这主要是环境资源业在这期间出现了大幅上涨。

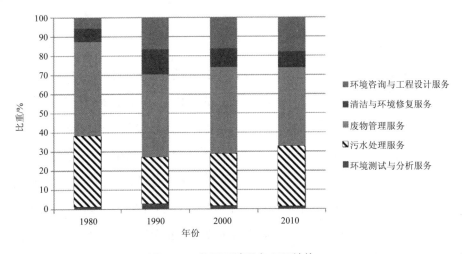

图 2-13　美国环境服务项目结构

资料来源：Environment Business International Inc.，San Diego，California.

美国环境产品与服务业创造了大量就业岗位。2009 年美国环境产品与服务业从业人数约 160 万人，约为美国劳动力人数的 1%。2004 年以来，美国环境产品与服务业从业人数不断增加，固体废物管理和环境咨询与工程设计服务两部门从业人数增加最为显著。2006 年以后这两个部门的从业人数有所下降，但仍然是环境服务业吸纳就业的主力。

美国是全球第一大环境产品与服务出口国。2009 年美国环境产业出口总额达 405 亿美元，占全球环境产业贸易额的 31%。其中，环境服务出口额为 47.3 亿美元，占美国环境服务业总产值的 3.3%，占美国环境产业出口额的 11.7%。2009 年美国环境服务进口额为 39 亿美元，占美国环境服务业总产值的 2.7%，占美国环境产业进口额的 14.2%。美国环境服务进口主要集中在环境咨询与工程设计服务和污水处理服务，占环境服务进口总额的 66.7%。美国环境产业出口比例逐年增加。1994 年环境产业出口额占美国环境产业产值的比重为 6.7%，到 2000 年这一比例突破 10%，2007 年达到峰值 15.5%。从 2006 年起美国环境产业出口比例进入加速增长期，2006 年和 2007 年的增速分别为 1.48% 和 1.12%，与 2005 年相比增长了一倍。随着 2008 年全球性金融危机的爆发，环境产业出口比例有所下降，但仍在 13.5% 以上。

2.2.11 越南

近年来,越南环境产业发展迅速,占 GDP 的比重日益提升。产值由 2005 年占 GDP 的 0.97% 增至 2010 年占 GDP 的 1.1%,并且在 2011—2012 年,增幅预计在 7%~10%（见图 2-14）。2010 年越南环境产业市场规模为 11.4 亿美元,同比增长 9%。环境产业增幅持续高于 GDP 增幅 2~3 个百分点。供水服务、污水处理服务、废物处置服务、水设备及化学药剂是最主要的部门,这些部门 2010 年市场规模共计 9.4 亿美元,约占全部环境产业市场的 82%。越南环境服务业的发展主要依靠以下措施:一是基础设施建设的推动;二是加强执法;三是探索用公私合营的方式来引进资金和技术。

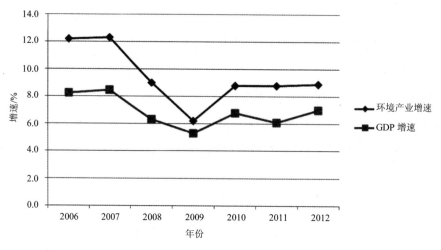

图 2-14 2006—2012 年越南环境产业与 GDP 增速

资料来源：Environment Business International Inc., San Diego, California.

从环境服务进出口贸易来看,越南环境服务,特别是关键产品和服务,例如环境监测,仍然主要依靠进口。越南国内的环保公司很多没有能力和技术来制造高水平的环境产品或提供达到国际标准的环境咨询和工程服务。例如,越南国内生产厂家能够生产测量水质 pH 值的设备,但是测量 BOD 和 COD 的设备则需要从欧洲、日本、韩国、美国等进口。水运输和处理设备及化学药剂、空气污染控制设备、分析和检测系统、废弃物管理设备是比较依赖进口的行业部门，进口率依次为 60%、80%、90% 和 40%。

2.3 APEC 环境产品与服务市场驱动力分析

导致 APEC 环境产品与服务业迅速增长的主要原因，除经济和污染增长及城市化外，还有来自日益严格的环境规章及环境标准的推动，以及来自消费者、社会的巨大压力等因素。

2.3.1 环境规制日趋完善

环境相关立法的实施与执行是环境服务市场的传统推动力量。20 世纪七八十年代，日本的大气污染治理业由于制定或完善相关立法，而得到迅速发展。在美国，危险废物管理技术发展迅速并保持国际领先地位，得益于对于垃圾处置场清洁和处置有毒废物的相关立法（OECD，1992）。影响美国环境产品与服务市场的主要联邦法律有：1976 年制定，1984 年、1986 年两次修订的《资源保护和回收法》（RCRA）；1980 年制定，后多次修订的《综合环境反应、赔偿和责任法》（CERCLA）；1970 年制定，1990 年修订的《清洁空气法》（CAA）；1972 年制定，后多次修订的《联邦水污染防治法》（FWPCA），又名《清洁水法》（CWA）。这些立法规定了详细的环境保护责任、污染排放和处理标准、信息管理要求以及处罚措施等，刺激了市场对环境产品与服务的需求。当一些企业根据国内立法在某领域开发了相关技术之后，它们在该领域便具有了国际竞争潜力。如今，随着发展中经济体新一轮环境立法的兴起与环境监管机制的完善，环境服务业得以迅速增长。

2.3.2 公众环境意识逐渐提高

随着环境教育的深入及信息公开要求的提高，公众的环境意识得以逐渐提高。环境教育可以促使生产者和消费者将环保意识融入商业行为和消费模式。信息公开要求被看作是一种市场手段，因为它影响了消费者选择，并有效改变企业行为。近年来环境恶化导致自然对人类的反作用频繁出现，进一步巩固了公众的环境意识和绿色消费理念，公众对于清洁产品的需求压力通过市场传导给企业。面对压力，企业开始在其商业行为中考虑环境因素，以期建立"绿色"的公众形象并形成市场优势。建立绿色形象的意图是出口企业尤其是跨国企业采取某些环境友好行为的动力。公众环境意识的提高对企业治理污染及环境服务市场的发展有极其重要的促进作用。

2.3.3　全球环境公约约束力加强

环境问题并不以人为的国界为限，而是发展区域性、全球性的环境污染和生态问题，这就要求加强环境问题的国际合作。达成全球或多边环境公约是解决国际环境问题的一个主要手段，且发挥了积极作用。近年来环境公约谈判进程加快，各缔约方履约压力不断加大，推动环境服务业加大研发投入，加快创新步伐。旨在控制温室气体排放的《联合国气候变化框架公约》、保护臭氧层的《维也纳公约》、控制危险废物越境转移及其处置的《巴塞尔公约》、关于持久性有机污染物的《斯德哥尔摩公约》、防止倾倒废弃物及其他物质海洋污染的《伦敦公约》等一系列有广泛影响力的国际公约对各国的环境治理提出了全面要求，各国履约压力成为环境服务业发展的动力。

2.3.4　政府采购趋于全球化

由于环境保护及环境污染治理服务公共物品的性质及其较强的外部性，政府部门的环境服务需求占总需求的较大比例，在环境服务的购买方面具有比较重要的作用，因此，政府采购政策对环境服务市场有重要影响。这些影响取决于以下三方面采购程序，以及其是否考虑和促进长期的技术发展。采购程序包括，成果鼓励创新措施，而不是基于已有的标准、设计和技术；采购的实施方式，比如是否可以将合同分解以鼓励小企业的参与等；大部分政府采购的主要立场以及采购对国外供应商和外来竞争的开放程度。随着 WTO《政府采购协定》的不断完善，以及其缔约方的不断增加，环境服务政府采购市场开放程度也不断提高。这一方面带动缔约方国内政府采购立法向更加公开、公平、公正的方向发展，适应开放政府采购市场提出的新要求，为环境服务供给企业的发展提供良好政策环境；另一方面，扩大了竞争范围，企业除了要面对国内同行业者的竞争，还要与国外的优秀企业同台角逐，这提供了一种强有力的筛选机制，有利于有发展潜力的企业迅速崛起。此外，WTO《政府采购协定》的发展实施为企业提供了更广阔的市场空间。

2.3.5　能源消费结构转型缓慢

原油和原煤等化石燃料在开采、运输、加工和利用过程中产生的生态系统破坏、扬尘、废水、废渣及废气等问题，特别是在利用过程中产生的温室气体和有毒气体等对环境造成了极大影响，是造成环境污染的主要原因之一，而当前能源消费结构以原油和原煤为主导的局面短期内难以发生根本改变，这对环境产品与服务业提出了新的要求。2000—2010 年，天然气在能源消费中所占的比例虽然有缓慢上升，但清洁能源消费比例稳定在 36%，原油和原煤仍然是主要的消费能源，且原煤所占比例逐渐上升，有取代石油再次成为主导能源的趋势。能源消费作为经济发展的基础，随着经济总量的扩大，其消费量也在迅速增长。由此产生的对环境产品与服务的巨大需求将有效推动环境产品与服务业的发展。

3 APEC 环境产品与服务合作历程

APEC 是最早关注、涉及并采取务实措施积极推动环境产品与服务合作的国际机构之一。APEC 开展的环境产品与服务合作成果已经对 WTO 多边贸易体制贸易与环境议题的谈判以及亚太地区环境产品与服务业的发展发挥了重要作用。近年来，随着全球环境污染逐渐恶化和全球气候变化谈判逐渐升温，全球经济增长趋于低迷和迟缓，环境产品与服务被作为新的经济增长点以及争夺国际竞争力的重要途径。在此背景下，APEC 关于环境产品与服务的讨论越来越热烈，活动越来越频繁，形式越来越多样，内容越来越具体，措施越来越严格。

3.1 APEC 环境产品与服务合作历程

自 1994 年环境部长们开始环境技术等讨论以来，APEC 一直在持续不断地开展环境产品与服务的讨论与合作。近年来 APEC 对环境产品与服务的讨论持续升温，不仅包括环境产品与服务贸易自由化和便利化的内容，同时也包括了在环境产品与服务领域内的经济技术合作，不断地开展具有实质性内容和成果的活动，推动了 APEC 环境产品与服务合作的相关进程。

APEC 环境产品与服务合作历程大致可分为三个阶段：第一阶段是（倡议）初步提出期；第二阶段是倡议实践期；第三阶段是（政策和提案）密集出台期。

第一阶段，APEC 环境产品与服务合作倡议提出期（1994—1998 年）。

该阶段包括三个重要事件：一是早期的环境部长会或高官会提出环境与经济贸易问题。1994 年部长们讨论了环境愿景宣言以及 APEC 环境与经济统筹发展的原则框架，还分别针对环境技术、政策工具、环境教育/信息展开讨论。1996 年部长们同意并通过了 APEC 促进可持续发展的行动指导方针，并就共同关心的几个重要的可持续发展议题展开讨论，包括可持续城市管理、清洁技术及清洁生产、海洋环境的可持续性。1997 年部长们承接 APEC 领导人发出的制定 APEC 可持续发展工作计划的呼吁，鼓励政府、私营部门、当地社区以及个人加入到队伍中，将可持续发展的原则贯彻到有意义的实践和可见的成果中。二是 1995 年大阪会议通过《执行茂物宣言的大阪行动议程》，提出包括环境产品与服务的市场准入等 15 个具体领域；1996 年，在菲律宾召开的第八届部长级会议上发表了《APEC 加强经济合作与发展框架宣言》，将"保护环境，提高生活质量"确立为 APEC 经济技术合作的 6 个优先领域；1997 年，APEC 将环境产品与服务等 9 个部门作为提前自愿自由化（EVSL）的部门，以落实 1995 年通过的《执行茂物宣言的大阪行动议程》。对于这 9 个部门，要率先推动区域贸易投资自由化、便利化以及经济技术合作，以使发达成员和发展中成员分别在 2010 年和 2020 年前若干年实现贸易投资自由化的茂物目标。这是 APEC 首次明确提出环境产品与服务合作。三是经过 APEC 组织研究、谈判磋商，1998 年 APEC 制定和提出了一份包含 153 个 6 位海关税号的环境产品清单，该清单在全球提出尚属首次。

第二阶段，APEC 环境产品与服务合作的倡议实践期（1998—2007 年）。主要体现在以下方面：一是为推动环境产品与服务部门提前自愿自由化，结合单边行动计划（简称 IAP），各经济体在贸易和投资自由化的 15 个领域开始逐渐自愿做出降低关税和非关税壁垒、扩大市场准入、逐步开放服务贸易市场等措施承诺。1996 年，APEC 通过并开始执行《马尼拉行动计划》，环境服务部门是 APEC 部门提前自愿自由化 9 个提前开放的部门之一，也是 IAP 重要内容。自 2000 年开始，成员开始提交其贸易投资自由化和便利化 IAP，其中有 5 个经济体（新西兰、中国香港、日本、澳大利亚、加拿大）

提交了包含环境服务的 IAP，到 2007 年有 16 个 APEC 成员经济体，包括澳大利亚、加拿大、智利、中国、中国香港、印度尼西亚、日本、墨西哥、新西兰、巴布亚新几内亚、中国台湾、秘鲁、美国和越南等在其 IAP 中自愿做出了全部或部分开放环境服务市场的承诺。二是 APEC 制定的包含 153 个 6 位海关税号的环境产品清单一直被作为 WTO 环境产品清单谈判的重要基础和依据。三是 APEC 贸易和投资委员会、关于经济技术合作的高级官员指导委员会下的相关工作组（如服务组、市场准入组、能源组、标准和规范次级委员会、可持续发展组等）密集开展环境产品与服务相关的研究或研讨会等活动，据不完全统计，大约有 17 项之多。这些项目涉及环境产品与服务贸易、标准、技术、壁垒、贸易措施、能力建设等。新加坡、越南、加拿大、新西兰、美国、澳大利亚、印度尼西亚、日本、中国、韩国、泰国、中国台湾 12 个经济体执行了相关项目，所有经济体参与了上述项目。

第三阶段，APEC 环境产品与服务合作政策和提案密集出台期（2007年至今）。自 2007 年以来，随着全球气候变化谈判日益升温，APEC 环境产品与服务合作也日益活跃，政策和提案密集出台。一是从 2007 年开始，APEC 每年的领导人宣言和部长声明都将发展环境产品与服务，推动环境产品与服务贸易作为促进可持续增长和应对气候变化的重要措施和途径，对环境产品与服务进行专门的甚至较大篇幅的阐述。例如，2007 年，APEC 领导人在《关于气候变化、能源安全和清洁发展的悉尼宣言》中提出"以合作共赢的方式，在环境产品与服务的贸易、航空运输、可替代和低碳能源利用、能源安全、保护海洋生物资源、政策分析能力等领域进一步采取措施"。2010 年，在《茂物及后茂物时代的横滨愿景：第十八次领导人非正式会议宣言》中提出"将通过扩大环境产品与服务的贸易和投资，加速发展绿色经济……""通过强调和重视环境产品、技术和服务中的非关税措施，以增加环境产品与服务的扩散和利用，减少该领域贸易及投资中的现有壁垒并避免新壁垒产生，提高发展环境产品与服务产业的能力……"并以此致力于实现可持续增长，支持全球环保努力，向绿色经济转型（历年 APEC 领导人宣言和部长声明中关于环境产品与服务的叙述见表 3-1）。二是 2008 年提出《APEC 环境产品与服务工作计划框架》，并以此为基础制定具体的环境产品与服务工作计划；2009 年 APEC 出台《环境产品与服务工作计划》（*APEC EGS work programme*），旨在促进 APEC 就采取以下行动达成共识：鼓励区域内可持续增长，促进环境产品与服务的应用和传播，减少针对环境产品与服务贸易投资的现有障碍并避免设置新的壁垒，提升各成员发展环境产品与服务产业的能力。三是 2011 年 APEC 领导人发表宣言提出"2012 年，各经济体将为制定一个对实现绿色增长和可持续发展目标有直接和积极贡献的 APEC 环境产品清单而开展工作，决心在 2015 年年底前将这些产品（环境产品）的实施税率降至 5%或 5%以下"的具体目标，同时，发布专门附件——《环境产品与服务领域的贸易和投资》，明确 APEC 为促进环境产品与服务领域的贸易和投资而计划的几项切实行动，此后 2012 年 APEC 达成 54 个 6 位税号环境产品清单，并将此清单作为领导人宣言附件。四是最近几年的 APEC 东道主——新加坡、美国、俄罗斯、菲律宾等都积极提出环境产品与服务相关提案，内容涉及加强 APEC 环境服务合作、APEC 环境产品与政策规章等问题。五是 2012 年后持续推进环境产品与服务合作。包括：各经济体提交降税计划，完成 2012 年达成的环境产品降税承诺，2015 年 APEC 领导人宣言中重申 APEC 环境产品降税承诺，并督促各经济体在年内完成降税承诺。加强环境产品与服务公私合作（PPEGS），2013 年 APEC 领导人宣言中提出了建立环境产品与服务公私合作伙伴关系，并在环境产品与服务公私合作领域开展了清洁和可再生能源对话。加强环境服务贸易自由化，2015 年 APEC 发布了环境服务行动计划（ESAP），以期促进环境服务的自由化、便利化及合作。

APEC 环境产品与服务各阶段合作历程如图 3-1 所示。

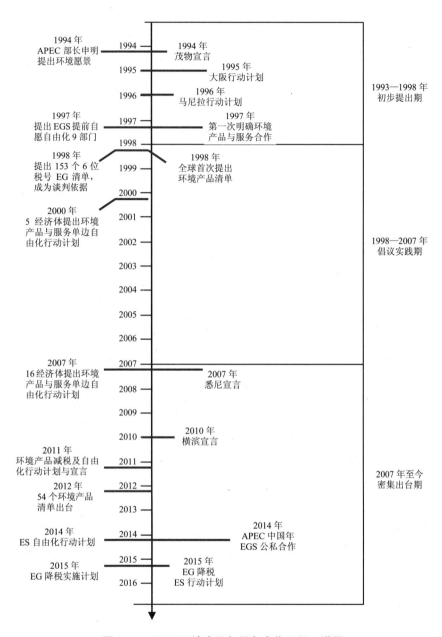

图 3-1　APEC 环境产品与服务合作历程及进展

注：EG 指环境产品，ES 指环境服务，EGS 指环境产品与服务。

资料来源：作者根据 APEC 网站 http://www.apec.org 资料整理。

表 3-1 APEC 领导人宣言和部长声明中关于环境产品与服务合作的阐述

年份	地点	APEC 相关文件	
		文件名称	内容
2007	澳大利亚悉尼	第十九届部长级会议联合声明	我们指示官员们继续环境产品与服务贸易方面的工作，探讨减少环境产品与服务贸易壁垒的方式
		领导人关于气候变化、能源安全和清洁发展的悉尼宣言	以合作共赢的方式，在环境产品与服务的贸易，保护海洋生物资源、政策分析能力等领域进一步采取措施。我们同意在 2008 年 APEC 领导人会议上评估并讨论 WTO 多哈回合谈判在环境产品与服务贸易自由化方面取得的进展
2008	秘鲁利马	第二十届部长级会议联合声明	我们认识到就实现区域环保和可持续发展优先领域的环境产品与服务继续开展的研究、进展和应用。我们欢迎 2008 年 APEC 在此领域取得的进展。我们欢迎"环境产品与服务工作计划框架"，并以此为基础制定具体措施，提交 2009 年贸易部长会议讨论。我们还支持继续在此重要部门促进信息交流的工作。我们审议了 WTO 谈判进展以扩大环境产品与服务的市场准入，我们重申开放的全球贸易和投资体系对实现我们的清洁发展目标至关重要，WTO 市场开放会帮助我们推进气候和能源安全目标
2009	新加坡	第十七次领导人非正式会议宣言：促进持续增长，密切区域联系	《APEC 环境产品与服务工作计划》是 APEC 可持续增长合作的重要方面。根据这一计划，我们们将推动和实施一系列具体行动，促进本地区可持续增长，扩大应用和推广环境产品与服务，扩大对环境产品与服务的贸易、投资壁垒，避免设置新的壁垒，并增强各经济体发展环境产品与服务贸易的能力
		第十七次领导人非正式会议单独声明：倡导新的增长方式，构建 21 世纪互联互通的亚太	我们将探讨减少环境产品与服务贸易、投资壁垒的方法，并避免对环境产品与服务贸易设置新的壁垒

年份	地点	APEC 相关文件	
		文件名称	内容
2009	新加坡	第二十一届部长级会议联合声明	我们将努力以确保经济增长和可持续发展相协调。人类活动引起的气候变化是最严峻的全球性挑战之一。APEC 可持续合作的重点包括改善获取环境产品与服务的途径、发展环境产品与服务部门、提高能效、森林恢复与可持续管理。环境产品与服务市场在促进可持续增长和应对气候变化方面具有重要作用。气候变化政府间专门委员会强调，许多气候友好技术和产品已经有市场化，预计不久还有更多会市场化。这其中许多技术将因贸易自由化而受益。我们将设法减少环境产品与服务的贸易与投资壁垒，避免采取新的贸易与投资壁垒或市场扭曲措施。我们将采取措施通过经济技术合作和能力建设促进气候友好技术和其他环境产品与服务的推广。我们欢迎启动 APEC 环境产品与服务信息交流网站，以促进 APEC 地区及全球环境产品与服务方面提高透明度、加强信息交流、合作和产品推广。我们批准 APEC 环境产品与服务工作计划，该计划有助于就各方如何促进环境产品与服务的贸易、投资与发展凝聚共识。
2010	日本横滨	第十八次领导人非正式会议宣言：茂物及后茂物时代的横滨愿景	我们将通过扩大环境产品与服务的贸易和投资、加速发展绿色经济、提高能效、促进森林的可持续管理和退耕还林、促进经济与环境的协调，可持续发展。APEC 也可通过继续推进投资、服务、电子商务、原产地规则、规则一致化、贸易便利化、环境产品服务等专业领域的倡议，推动亚太自贸区建设。
2010	日本横滨	第十八次领导人非正式会议关于亚太自贸区实现途径的单独声明：亚太自贸区实现途径的实现途径	我们将推广高能效运输、消除阻碍环境产品与服务（EGS）的既有贸易投资壁垒并避免新的壁垒，通过优先应对环境产品、技术和服务非关税壁垒加强相关能力建设。为推进亚太自贸区建设，APEC 将继续实施投资、服务、电子商务、原产地规则、标准一致化、贸易便利化、供应链连接和授权经营者计划以及环境产品与服务等具体领域相关倡议。

年份	地点	APEC 相关文件	
		文件名称	内容
2010	日本横滨	APEC 领导人增长战略（摘要）	改善环境产品与服务（EGS）获取途径，发展 EGS 产业。APEC 将实施推动 EGS 工作计划，降低环境产品的非关税壁垒，探索制定能效标准，促进气候友好型和其他 EGS 技术的推广
		第二十二届部长级会议联合声明：滨重量景一茂物目标与未来	我们重申环境产品与服务在促进可持续增长和应对气候变化上起到的关键作用。我们重申，支持加强环境产品与服务的应用和推广，削减相关贸易投资壁垒，加强成员在发展环境产品与服务领域的能力建设。我们赞赏今年利用 APEC 跨论坛协作的优势，执行《环境产品与服务工作计划》，开展了诸多项目，并取得丰硕成果。我们还注意到环境产品与服务市场的案例研究，特别是关于发展中成员，如马来西亚环境产品与服务成员，并责成官员在环境产品与服务领域进一步开展更多案例行动，优先关注非关税措施、技术和服务。我们将支持 WTO 多哈回合在环境产品与服务谈判方面所取得进展
2011	美国夏威夷	第十九次领导人非正式会议宣言：紧密联系的区域经济	2012 年，各经济体将为制定一个对实现绿色增长和可持续发展目标有有直接和积极贡献的 APEC 环境产品清单而开展工作。考虑到各经济体经济状况，我们决心在 2015 年底前将这些产品的实施税率降至 5%或 5%以下，并不影响 APEC 各经济体在 WTO 中的立场。各经济体将清除包括当地含量要求等等扭曲环境产品与服务贸易的非关税壁垒（见附件三《环境产品与服务贸易投资》）。采取切实措施帮助商界和民众能够更低的价格获得重要的环境技术，以促进这些环境技术的使用，为实现 APEC 可持续发展目标做出重大贡献
		第二十三届部长级会议联合声明	我们推进了促进环境产品与服务贸易和投资自由化的工作，并将议题提交给 APEC 领导人以谋划推进这些工作的最佳方法

APEC 相关文件

年份	地点	文件名称	内容
2012	俄罗斯符拉迪沃斯托克	第二十次领导人非正式会议宣言：融合谋发展，创新促繁荣	我们重申促进绿色发展的承诺并寻找可行的、加强贸易的方法解决全球环境挑战。2012 年我们在这方面取得了长足的进步。我们欢迎并为 APEC 环境产品清单背书，该清单（见附件 C）将对我们实现绿色和可持续发展目标起到直接的和积极的作用。在不影响各经济体在 WTO 中地位的前提下，考虑到各经济体的具体情况，我们重申到 2015 年末将这些环境产品的实施税率降至 5%及以下的承诺
		第二十次领导人非正式会议宣言附件三：APEC 环境产品清单	内容摘要：附件介绍了提出环境产品清单的背景、目的，并且指出为实施环境产品清单开展能力建设的承诺，然后用列表形式列出 54 个 6 位 HS 税号的环境产品。清单分为 6 列：前三列列是 2002 年、2007 年、2012 年海关编号代码；第四列是 HS6 位税号产品的具体描述，大致与海关税则目录表述类似；第五列是产品的用途，关税例外等的说明；第六列是产品的备注/环境效益，包括产品的环境用途及入选本清单的理由。产品按税号大小顺序排序
		第二十四届部长级会议联合声明	促进环境产品贸易 作为我们绿色增长和持续发展的关键一部分，今年我们在实现 2011 年领导人关于促进环境产品与服务贸易方面取得了长足的进展。我们致力于调动所有可利用的资源来实现区域绿色增长和可持续发展的目标。 我们欢迎并建议我们各经济体领导人为该环境产品清单背书，并重申我们在考虑到各经济体具体情况的前提下，不损害到各成员在 WTO 地位的基础上，到 2015 年年底将该清单上的产品实施关税税率降至 5%及以下的决心

年份	地点	文件名称	APEC 相关文件
			内容
2013	印度尼西亚巴厘岛	第二十一次领导人非正式会议宣言：活力亚太，全球引擎	支持多边贸易体制和实现成物目标 为使我们的经济和市场进一步紧密连接，我们将： （一）推进落实至 2015 年年底将 APEC 环境产品清单的实施税率降至 5% 或以下的承诺。 （二）建立环境产品与服务公私合作伙伴关系，加强我们在该领域处理贸易投资问题的努力
		第二十五届部长级会议联合声明	推动绿色增长 我们为帮助实施 APEC 环境产品承诺的能力建设提案背书，并指示相关经济体在实现 2015 年年底将 APEC 环境产品清单上的产品关税降至 5% 及以下承诺的能力建设需求。 我们建立 APEC 环境产品与服务公私合作伙伴关系（PPEGS），并指示我们的官员利用这个新的平台和场所加强这个部门的对话工作。我们期待 2014 年环境产品与服务公私合作伙伴关系第一次会议以及关于清洁和可再生能源的对话
2014	中国北京	第二十二次领导人非正式会议宣言：北京纲领：构建融合、创新、互联的亚太	我们欢迎 2014 年 7 月在日内瓦启动的《环境产品协定》谈判。我们鼓励参加上述谈判参加方为扩大成员范围开展工作。 重申我们在 2012 年在符拉迪沃斯托克达成的在 2015 年底前将 APEC 环境产品清单实施关税降至 5% 或以下的承诺。我们呼吁各经济体加倍努力，实现经济和环境双重利益。我们指示我们的官员明年在菲律宾宴会议上向我们报告这一重要承诺的实施工作。 欢迎 APEC 环境产品与服务公私合作伙伴关系（PPP）举行以清洁和可再生能源为主题的首次会议，批准《APEC 促进可再生能源贸易投资声明》。

年份	地点	APEC 相关文件	
		文件名称	内容
2014	中国北京	第二十二次领导人非正式会议宣言：北京纲领：构建融合、创新、互联的亚太	加快"边界上"贸易自由化和便利化努力，改善"边界后"商业环境，促进"跨边界"区域互联互通。这包括推进在投资、服务、电子商务、原产地规则、全球价值链、供应链连接、海关合作，环境产品与服务，良好规制以及亚太自贸区涵盖的下一代贸易投资议题等领域的合作倡议
			环境产品与服务 实施我们具有开创性的到 2015 年底降低环境产品关税的承诺对于共同实现经济和环境利益是至关重要的。我们要求我们的官员在 2015 年贸易部长会上（MRT）提交符合 2012 年领导人承诺降税实施计划。我们欢迎召开关于环境产品与服务公私合作第一次会议。我们为推动环境服贸易和可再生能源贸易与投资申明（附件 B）进行背书。我们也欢迎并支持启动环境服务贸易自由化、便利化以及相关合作，并指示我们的官员在 2015 年下一次 APEC 部长会议上制定相关实施计划
		第二十六届部长级会议联合声明附件二：APEC 促进可再生和清洁能源贸易投资声明	内容摘要：为推动可再生和清洁能源的利用率，提高可再生和清洁能源的利用率。APEC 承诺为可再生和清洁能源创造有利的环境，以支持亚太区域可持续发展和共同繁荣。"声明"还提出开展知识共享和能力建设活动，包括"声明"确定了八方面的工作内容。APEC 承诺为可再生和清洁能源创造有利的环境，以支持亚太区域可持续发展和共同繁荣。"声明"还提出开展知识共享和能力建设活动，包括研讨、经验和最佳实践分享等
2015	菲律宾马尼拉	第二十三次领导人非正式会议宣言：建立包容性经济、建立更好的世界	促进区域经济一体化进程 我们重申在 2012 年做出的在今年年底之前将 APEC 环境产品清单上所列产品关税降低至 5% 以下的承诺。我们祝贺那些已经取得这项开拓性成果的经济体，并强烈督促那些还未履行该承诺的经济体加倍努力以期在年内完成目标
		第二十三次领导人非正式会议宣言附件 B：APEC 服务合作框架	推进服务日程 我们认可制造有关服务行动计划、环境产品与服务工作计划、环境产品与服务行动计划，以及 APEC 服务业相关工作的巨大贡献环境产品与服务公私合作伙伴（PPEGS）对 APEC 服务相关工作的巨大贡献

年份	地点	文件名称	APEC 相关文件 内容
2016	秘鲁利马	第二十四次领导人非正式会议宣言	我们认识到，由各成员广泛参与的 WTO 多边贸易协定对于全球贸易自由化倡议发挥着重要补充作用。我们认为，正在谈判中和已经达成的多边协定，例如《信息技术协定》及其扩围，《服务贸易协定》以及《环境产品协定》，应对所有参与此类协定和谈判的 WTO 成员开放。所有参与《WTO 环境产品协定》谈判的 APEC 经济体重申，将加倍努力，弥合分歧，找到解决各方核心关切问题的方案，力争达成一份面向未来的宏伟协议，到 2016 年底大范围取消环境产品关税。 根据 2014 年《APEC 推动实现亚太自贸区北京路线图》确立的指导精神，我们重申将致力于推动亚太自贸区的最终实现，以此作为进一步深化 APEC 区域经济一体化的主要手段。基于这一愿景，我们批准《实现亚太自贸区有关问题的集体战略研究报告》及其摘要。同时，我们批准该研究报告提出的政策建议，并以此作为《亚太自贸区利马宣言》。 我们认为服务业对于 APEC 地区生产力提高和经济增长做出了重要贡献。通过为服务业提供开放和可预测的环境，来提高服务业生产力，扩大服务贸易，促进服务业竞争力的关键因素之一。为此，我们批准《APEC 服务业竞争力路线图》，指示官员们监督该路线图的进展，采取具体措施实现共同目标，促进服务贸易和投资增长，提高服务业竞争力，与此同时，解决服务贸易增长的制约因素，并照顾到各经济体在经济社会条件上的差异。

资料来源：作者根据 APEC 网站 http://www.apec.org 资料整理。

3.2　APEC 环境产品与服务合作特点

与其他国际机构或 APEC 其他领域相比，APEC 环境产品与服务合作具有开展时间早、高层关注、内容丰富、对促进区域绿色增长、实现可持续性发展重要性显著等性质。随着合作的深入，近几年 APEC 开展环境产品与服务合作具有以下六个显著特点：

第一，APEC 环境产品与服务合作被作为长期战略性合作

环境产品与服务在 APEC 一直被视为推动区域绿色增长、实现可持续发展的重要途径，因此，多年来 APEC 一直致力于推动该领域的合作，并将其作为长期战略性合作。一是制定专门的《APEC 环境产品与服务工作计划》，并按照该计划开展一系列环境产品与服务合作的活动，表明 APEC 环境产品与服务合作并非权宜之计，而是长期战略，对未来该领域合作具有指导意义；二是在历年领导人宣言和部长声明中均将环境产品与服务合作视为实现亚太地区实现绿色增长和可持续发展的重要途径；三是实现环境产品与服务贸易自由化，这是 APEC 一直致力实现的目标，然而由于环境产品与服务，特别是环境服务在贸易过程中所遇到的非关税壁垒则是随着时间的变化而不断在变化的，例如技术标准、政策调整等都是随着时间在不断演化的，因而要解决环境产品与服务在 APEC 范围内遇到的非关税壁垒将是一个长期的过程，使得开展环境产品与服务合作也将是一个长期的战略。从上述三点可以看出 APEC 开展环境产品与服务合作必将是一个长期的战略行为，在推动环境产品与服务贸易自由化方面发挥了重要作用。

第二，APEC 环境产品与服务合作具有先导性和试验性

APEC 推动环境产品与服务合作起始于 20 世纪 90 年代，单从开展环境产品与服务贸易自由化来看，APEC 开展的相关活动要比 WTO 早很多，并在很大程度上影响和推动着 WTO 的环境与贸易进程，具有先导性和试验性。APEC 是最早开展环境产品与服务合作的机构之一，环境产品与服务又是 APEC 最早确立的开展合作的部门之一。1994 年的环境部长会就提出了环境技术合作的问题，1995 年大阪会议通过《执行茂物宣言的大阪行动议程》提出包括环境产品与服务的市场准入等 15 个具体领域，标志着 APEC 正式开展环境产品与服务合作，这与其他国际组织相比，是比较早的。与此相对应，OECD 1996 年开展了全球环境产品与服务调查研究工作，但仅是研究而已。APEC 1998 年提出的环境产品清单对 WTO 贸易与环境委员会下环境产品与服务谈判议题的谈判发挥了极其重要的作用。另外，相较 WTO 而言，APEC 由于成员较少和非正式性，使得其相对容易达成一致性意见。同时，由于 APEC 几乎集中了全球 40% 以上的贸易额度，并且在 WTO 中贸易额度排在前几名的成员大多也是 APEC 成员，因此，在 APEC 内部达成一致意见后，或者说在 APEC 内先行先试后，在 WTO 中进行推广将减少不小的阻力，从而使得更加容易推动。例如，WTO 多哈回合十年未果，环境产品的谈判几近停滞，因而发达经济体开始将注意力转向 APEC，希望通过在 APEC 内部进行讨论、尝试并达成一致意见后再将其推向 WTO。因此，在 APEC 环境产品清单成功出炉后，美国、新西兰等 APEC 成员迅速联手欧盟等 WTO 成员在 WTO 框架下推动重启环境产品诸边谈判，使得环境产品自由化谈判经历了 APEC 萌动、WTO 受阻、APEC 发力成功、WTO 重启4 个阶段，表现出 APEC 开展环境产品与服务合作具有先导性和试验性的特点。除推动环境产品贸易自由化的例子之外，环境服务的合作也体现出了 APEC 的先导性和试验性特点，目前 APEC 对于环境服务贸易自由化和便利化以及环境产品与服务的公私合作伙伴关系也已开始与 WTO 服务贸易协定（TISA）挂钩。

第三，APEC 为环境产品与服务合作提供了宽松的环境和多样的渠道

由于 APEC 属于非正式性质论坛，APEC 能够使成员经济体以一种不同于正式谈判的宽松方式对环境产品与服务合作进行探讨，在该种模式下，成员经济体能够更好地发挥创造力，实现环境产品与服务的良性合作。同时，APEC 也为环境产品与服务合作提供了多样的渠道，既有高层对话、具体政策发布，也有能力建设、产业博览和研究项目。同时还在环境产品与服务启动公私合作伙伴关系、开展公私对话，使得参与环境产品与服务合

作的各个利益相关主体，如政府官员、研究人员、企业代表和非政府组织都能参加到环境产品与服务合作中，群策群力，共同推动实现环境产品与服务贸易自由化，上述模式为 APEC 环境产品与服务合作提供了宽松的氛围和多样的渠道。

第四，APEC 开展环境产品与服务合作涉及领域广泛、利益主体多元

由于 APEC 属于非正式的论坛，使得 APEC 在开展环境产品与服务合作方面具有高度的灵活性，涵盖了广泛的领域。目前在 APEC 内开展的环境与服务合作领域包括研发、供给、贸易、需求四个方面，纳入了所有的利益相关方，既包括供给方，也包括需求方，还包括监管和政策制定方等，涵盖了环境产品与服务的全生命周期，即不仅包括了供给等生产环节，也包括了贸易等流通环节，还包括了需求等消费环节。正如《悉尼行动计划》和《APEC 环境产品与服务工作计划》前面所言，的确是"广泛而雄心勃勃的行动"。从 APEC 领导人宣言所涉及的内容上看，APEC 环境产品与服务合作不仅涉及绿色增长领域，作为实现绿色增长和可持续发展的重要途径，而且涉及亚太自贸区建设和贸易自由化等领域，作为推动亚太自贸区建设倡议的重要内容。从实现 APEC 宗旨和目标看，APEC 环境产品与服务合作不仅是推动贸易投资自由化和便利化的重要途径，也是经济技术合作的重要载体；既包含在推动多边贸易体制内容中，也包含在促进区域经济一体化内容中。同时 APEC 还通过公私合作的方式，使得环境产品与服务的合作不仅仅局限在政府一方，还将私营部门纳入到了其中，实现了公共部门和私营部门在环境产品与服务领域的合作，将各种力量最大限度地集中在一起，实现了环境产品与服务领域广泛地合作。

第五，APEC 环境产品与服务受到高层和国际社会广泛关注

APEC 环境产品与服务作为 APEC 重点和长期战略领域，实施多年来，不仅对APEC自身，而且对区域和全球绿色经济增长发挥了重要作用。APEC 环境产品清单达成具有里程碑意义，成员经济体领导人亲自参与谈判，前所未有，也引起国际社会广泛关注。2012 年东道主俄罗斯总统普京在会后的新闻发布会上，称"本次会议的突出成果之一是就'环境产品清单'达

成重要共识"，"围绕环境产品的谈判在 WTO 框架下开展十余年但至今未果，而 APEC 率先达成共识，这从一个侧面展现出 APEC 机制的生命力"。美国国务院国际信息局（IIP）《美国参考》称，"APEC 的 21 个成员经济体就削减环境产品的关税达成了一项具有历史意义的协定"。美国贸易代表办公室发表声明说："这标志着贸易谈判首次达成了一份为环境产品削减关税的清单。""这项历史性成果将为实现奥巴马政府增加出口和就业机会的目标及其促进绿色增长和可持续发展的承诺做出重大贡献。""所达成的这项具有开创性的协定将增强美国的势头，在 WTO 的谈判中大力推动降低环境产品的贸易壁垒"。日本外务省评论："这是有助于推动自由化的新方法。这一进展必将在 APEC 框架内推动贸易自由化进程。" 日本产经新闻认为"此次 APEC 会议的最大成就是太阳能电池板、风力发电设备和大型燃气轮机等环境相关产品的贸易自由化政策，将有利于扩大高效节能产品的贸易，培育相关产品和市场。"澳大利亚贸易部长克雷格·爱默生称："APEC 经济体降低环境保护产品的关税是一项巨大的成就。" 加拿大国际贸易和可持续发展中心（ICTSD）认为，"此次环境产品清单不具有约束性，不履行承诺也没有相关惩罚措施。相反可以在自由化进程的谈判中更加灵活和主动。""降低关税不仅可以实现地区的绿色增长目标，使环境产品更便宜、更方便，也会对地区的贸易和就业机会产生积极的影响。"除此之外，APEC环境产品清单的达成还起到了继往开来、承上启下的作用。APEC 环境产品清单已经对推动 WTO 贸易与环境谈判发挥重大作用，APEC 环境产品清单的达成为停滞多年的 WTO 多哈回合谈判带来了曙光，直接推动 WTO 重启环境产品诸边谈判，并成为 WTO 环境产品诸边协定谈判的基础。

第六，AEPC 开展环境产品与服务合作形式多样，活动频繁

为深入开展 APEC 环境产品与服务合作以及落实领导人宣言指示精神和《APEC 环境产品与服务工作计划》，APEC 已经或正在开展一系列具体行动和活动。这些活动包括实地调查、政策研究、能力建设培训、信息交流等。具体活动中又有不同形式，例如在信息交流中既包括高层的环境部长对话，也包括一般的政策研讨和能力建设培训。项目活动中，既有某个经济体单独承担，也有几个经济体联合"作战"，无论如何，都注重所有经济体的广泛参与。从参加活动的群体看，既包括政府官员，也包括研究人员、企业代表和非政府组织代表。近年来，APEC 每年都有环境产品与服务合作相关活动。

3.3 APEC 积极推动环境产品与服务合作的原因分析

APEC 积极推动环境产品与服务合作以及环境产品与服务贸易自由化，特别是最近几年推动的步伐明显加快，这既与大的国际背景、APEC 的宗旨和目标、环境产品与服务本身性质有密切关系，也与发达成员为保持其国际竞争力、抢占发展空间而又不失道义制高点和保护环境话语权而积极推动和主导分不开。

第一，全球环境污染恶化、金融危机等是 APEC 积极推动环境产品与服务合作的主要国际背景

APEC 成立之初，随着经济全球化进程不断加快，全球环境污染日益加剧、全球环境问题日益凸显。不只如此，除环境问题本身之外，如果不加以控制，这些环境污染和全球环境问题将对经济发展、人体健康、消除贫困等造成一系列不利影响。为此，环境问题逐渐渗入到国际政治、经济、贸易等相关机构，并成为重点议题。例如：1992 年，联合国环境与发展大会召开，《联合国气候变化框架公约》《生物多样性公约》等全球环境公约相继通过并生效。关贸总协定（GATT）乌拉圭回合在这一时期呈现出明显的"绿色印记"，所签订的《技术性贸易壁垒协议》《卫生和植物检疫措施协议》《农业协议》《补贴与反补贴措施协议》中都有很多有关环境的规定。这些背景一定程度上促成 APEC 于 1994 年召开环境及可持续发展部长会议以及之后提出环境产品清单、环境产品与服务合作问题。而 2008 年金融危机爆发和蔓延，引发了人们对于实体经济创新与增长乏力、经济结构深层次问题及改革调整必要性的关注和思考，国际社会都需要探寻强劲、可持续和平衡增长路径。例如，气候变化问题逐渐成为 G20 等领导人峰会的重

要议题；2005 年联合国亚太经济与社会委员会提出绿色增长等概念；经济合作与发展组织 2009 年通过"绿色增长战略"宣言。这些背景不可避免地被反映到 APEC 进程和领导人宣言中。为应对金融危机，APEC 及时提出，危机后的经济格局与以往将有所不同，亚太地区各成员不应重蹈"常规增长"和"常规贸易"的老路，应当倡导新的增长方式。在 APEC，气候变化、环境产品与服务合作等问题也被提到了新的高度，被看作是实现可持续发展的重要途径。这些背景和形势的综合作用和影响，使得 APEC 积极推动环境产品与服务合作成为必然。

第二，APEC 积极推动环境产品与服务合作与 APEC 本身属性密切相关

APEC 的宗旨是推动全球贸易自由化，促进 APEC 成员间贸易、投资和技术领域的合作。1991 年首尔第三届部长级会议提出"APEC 一个重要原则是对全球贸易体制的未来发展施加强有力的积极影响"。而为了推动全球贸易自由化，APEC 一直视推动多边贸易谈判为己任，每年都要强烈重申推动多边贸易体制。而经济技术合作问题在 APEC 成立之始，第一届部长级会议中就开始涉及，而且其一直关注着经济技术合作问题。环境保护或环境产品与服务问题在这两个方面都有涉及，而且都是被列为重点领域，或者反过来说，环境产品与服务是实现 APEC 贸易自由化和经济技术合作宗旨的重要途径和重要内容。在推动贸易自由化方面，例如，作为 2011 年 APEC 领导人宣言 C 的《环境产品与服务（EGS）贸易与投资》，进一步细化了 EGS 贸易与投资自由化的具体要求，提出在 WTO、FTA 中寻求环境产品与服务贸易自由化，消除贸易壁垒等。事实上，APEC 在推动 WTO 谈判方面发挥了"孵化器"作用。从环境议题的列入到环境产品清单的制定，APEC 这些工作对 WTO 谈判产生了重要影响。APEC 将环境产品与服务纳入部门提前自由化对推动 2001 年 WTO 新一轮谈判将环境与贸易［包括适当减少或消除环境产品与服务的关税和非关税壁垒 31（iii）］列为唯一一个新议题发挥重要作用。同样，1998 年 APEC 制定的 153 个环境产品清单也一直是 WTO 环境产品清单谈判的重要基础和依据。在经济技术合作方面，APEC 在第一届部长级会议主席总结性讲话中，谈到了经济技术合作较为具体的内容，包括能源、资源、渔业、环境、贸易促进、旅游、人力资源开发、基础设施建设等方面。《APEC 加强经济合作与发展框架宣言》确定了经济技术合作 5 项指导原则，其中一项是全体受益和环境保护原则。这一原则指明经济技术合作和经济增长不以牺牲环境为代价，说明 APEC 对可持续发展的重视。为实现可持续发展和均衡发展，马尼拉会议在大阪行动议程确定的 13 个经济技术合作领域基础上确定了 6 个优先领域，包括人力资源开发、发展稳定、安全和高效的资金市场、加强基础设施建设、促进信息与技术的自由流动、保护环境和增强中小企业活力等。而保护环境必须要环境产品与服务予以支撑和保障。

　　第三，环境产品与服务本身性质及定义和边界不清为 APEC 谈判提供了空间

　　环境问题具有明显的负外部性特征，从这个意义上讲，作为治理环境污染和解决环境问题的环境产品与服务是一种公共产品和服务。为解决全球和区域环境问题，需要国际合作携起手来共同努力。环境产品与服务的另一种特性是动态性，一是随着技术的不断发展和环境标准的日益严格，今天治理污染的环境产品和技术，明天可能就是污染的产品和技术；二是环境产品与服务是为治理环境问题服务的，而环境问题又是在不断变化的，例如，治理汞污染的产品和服务以前可能是没有的，是随着汞污染的治理而产生的。另外，对于不同主体而言，环境产品与服务的内涵也会有所不同。因此，相比较其他产业，环境产品与服务的定义、边界和范围一直不清晰、不明确，不同机构有不同定义和分类①。也正因为如此，环境产品清单谈判成为 WTO 环境与贸易议题的焦点和 APEC 环境产品和贸易自由化最

---

① 目前，国际上还没有统一的环境产品定义、边界和范围，不同机构有不同分类，WTO 在其 2010 年报告（TN/TE/19）中将环境产品分为空气污染控制、可再生能源、垃圾管理和污水处理、环保技术、碳捕获和封存等 6 类。APEC 的环境产品清单包括监测分析、废水处理、固体废物处理、大气污染治理和可再生能源设备。经合组织（OECD）环境产品清单包括废水治理、大气污染治理、固体废物处理、环境监测与分析、热/能节约及管理等。日本提出的环境产品清单包括环境监测与分析、固体废弃物处理、清洁技术和产品、废水处理、大气污染治理和可再生能源设备等。美国将其环境产品分为水处理设备与化学制剂、仪器与信息系统、大气污染控制设备、废物管理设备、清洁生产和污染预防技术 5 类。

急迫工作。借此机会，不同成员提出不同的环境产品清单，背后的本质却是反映其贸易利益，具体就是将其有贸易出口比较优势的产品贴上"环境标签"装进环境产品"筐子"，获取关税削减的惠益，例如，有的成员将石油天然气、自行车等都列为环境产品。有的甚至是严重污染环境或对环境有不利影响的产品，例如废旧衣物和铅酸蓄电池（HS 850720）。其背后的动机和实质可见一斑。APEC 成员 2012 年提出的环境产品清单反映其利益的特征也很明显，例如美国提交了 180 个 HS 2012 版 6 位的环境产品清单，与 WTO 发达成员提出的 153 类环境产品清单相比，该清单减少了 30 个产品，分别为 1 个化工品、11 个钢铁制品、1 个铝制品、9 个机械产品、7 个电子产品和 1 个仪器产品，同时增加了 34 个产品，分别为 3 个税号植物材料席子帘子、1 个玻璃制品、2 个钢铁制品、2 个铝制品、9 个机械产品、9 个电子产品和 8 个仪器产品，显然美国减少了其不占优势的钢铁制品数量，增加了其优势的仪器产品的数量。日本提交了 242 个环境产品清单，与 WTO 发达成员提出的 153 类环境产品清单相比，增加了 67 个产品，分别为 1 个机械产品、35 个电子产品、28 个汽车产品和 3 个灯具产品。同样，日本增加的产品是其极具优势的电子和汽车产品。

第四，推动 APEC 环境产品与服务合作是发达成员，特别是美国利益的具体体现

全球环境问题与国际政治、经济、文化等非环境领域因素的关系越来越紧密。一是全球环境问题背后的实质是各经济体和地区在全球化趋势下对环境要素和自然资源利用的再分配，是利益的争夺，包括经济和政治利益。在 APEC，发达成员，特别是美国，一直是 APEC 环境产品与服务合作及环境产品与服务贸易自由化的主要推动者和主导者。这既是其经济利益的体现，也是其外交和政治需要。首先，推动环境产品与服务合作是发达经济体政治利益的体现。美国在仍不签署《京都议定书》承诺温室气体减排的情况下打出这张环保牌，意在部分抵消其环境保护方面的不作为，为 2012 年总统大选做铺垫。二是为遏制包括中国在内的发展中经济体利益。对环境产品征收高关税一直是发展中经济体保护其国内产业的重要手段，美国高调提倡环境产品贸易自由化实质是变相压制发展中经济体。因此，在"G2"特征分外明显的 APEC 平台，美国大力推动环境产品贸易自由化，本质上是遏制中国在亚太地区的利益以及在全球环境问题上的话语权。三是其刺激新的贸易出口增长点和增加竞争优势的需要。随着全球环境污染加剧，全球环保产业（主要是环境产品与服务）发展迅速，年均增速高于经济增长速度，已经成为新的经济增长点。据 WTO 秘书处统计数据，2010年全球环保产业产值达到 8 030 亿美元，与医药产业份额相当。而全球环保产业市场发展严重不平衡，其中，APEC 成员环保产业产值约占全球环保产业产值的 65%。全球环保产业主要集中在美国、西欧和日本，2010 年，这三个地区的市场总和为全球市场总和的 80%，其中美国占 40%，西欧占 28%，日本占 12%。从出口贸易看，美国、西欧和日本是最主要的环境产品与服务净出口国，这三个地区 2009 年环境出口额占全球环境产业贸易总额的比例达 88%。而这些发达经济体的环境产品与服务在国内的市场趋于饱和，希望借助一些新的平台和渠道"正大光明"地寻求和开拓新的国际市场。四是其拉动内需和保护就业的需要。美国环境技术先进，而国内需求有限，急需开拓国际市场。根据美国环境商业国际（EBI）咨询公司的数据，2010年美国环保产业产值占全球环保产业产值的 40%，是最大的环境产品与服务贸易顺差国，2009 年环保产业出口额达 405 亿美元，占全球环保产业贸易额的 31%，其中环境服务企业 43 690 家，解决 171 万人就业，约为美国劳动力人数的 1%。开展环境产品与服务合作以及推动环境产品与服务贸易自由化无疑会对美国的环保产业、经济发展和就业起到积极作用，特别是金融危机后，美国经济亟待复苏的关键时期。五是其巨大的贸易利益需要。降低环境产品关税，消除环境产品与服务非关税壁垒，促进产品和服务贸易自由化能够刺激产品流动，创造新的商业机会和巨大就业。美国、日本、新加坡等发达成员是环境产品与服务的重要出口商，也是少数几个贸易顺差国。如表 3-2 所示。环境产品与服务贸易化后，他们的出口将进一步扩大，将获得更大的贸易优势。尽管中国香港、新西兰、澳大利亚等发达经济体在 APEC 环境清单上的产品贸易处于逆差，但是由于这些经济体关税普遍较低，因此其进口不会因为降税措施而产生税收损失，相反，由于其他成员的降税，将使得这些成员经济体的环境产品生产商获得税收优惠，从而降低环境产品的流通成本，使得这些经济体的环境产品生产商获得更大的优势，扩大海外市场份额。因此，推动环境产品与服务合作本质是发达成员巨大的经济贸易利益，特别是美国的利益。

表 3-2　APEC 经济体环境清单产品世界贸易情况（2012 年）

单位：亿美元

成员体	出口	进口	贸易差额	成员体	出口	进口	贸易差额
中国	843	1 028	−185	墨西哥	88	88	0
澳大利亚	14	77	−62	新西兰	3	7	−4
加拿大	80	119	−39	俄罗斯	15	99	−84
中国香港	155	162	−7	新加坡	145	108	38
印度尼西亚	7	42	−34	泰国	34	84	−51
日本	476	156	320	美国	581	521	60
马来西亚	59	63	−4				

注：其他未列出的成员经济体是因为 UNcomtrade 上缺乏数据。

数据来源：作者搜集统计（原始数据：UNcomtrade，http://comtrade.un.org/）。

第五，APEC 开展环境产品与服务合作、达成环境产品清单是各经济体博弈妥协的结果

尽管保护环境是大家的共同愿望和目标，而且 21 个经济体的平均最惠国关税税率低于 5%，因而所有经济体达成了发展环境产品清单并降税到 5% 及以下的协定。即便如此，APEC 达成环境产品清单过程并不是一帆风顺的，最后的清单既不是各经济体所提清单的交集，也非各经济体所提清单的并集，而是各经济体博弈和妥协的结果。自 2011 年 APEC 领导人提出"2012 年各经济体将为制定一个对实现绿色增长和可持续发展目标有直接和积极贡献的 APEC 环境产品清单而开展工作"以来，APEC 各经济体纷纷提出符合他们自己利益的环境产品清单，从美国的 180 多个 6 位税号的环境产品清单到中国香港的 25 个环境产品清单不等，有的经济体如韩国先提出清单，之后又新增几次清单。尽管 2012 年 APEC 贸易与投资委员会每次高官会及相关会议都将环境产品与服务作为主要议题讨论，但第二次高官会仍然没有任何达成一致的迹象，很多成员强烈反对。为此，贸易与投资委员会决定 2012 年 7 月 25—26 日在墨西哥城额外增加了一次环境产品专门研讨会，讨论该议题。即使这样，直到 2012 年 9 月初领导人峰会之前的技术措施会上，印度尼西亚仍然只同意 6 个 6 位税号产品，直到贸易部长会讨论时仍然只勉强讨论 25 个 6 位税号产品。之所以印度尼西亚后来同意了 54 个 6 位税号的环境产品清单，各经济体达成了交易，主要原因是美国保证给予其"未提炼棕榈油（CPO）"贸易出口便利，减少贸易壁垒。而之前，美国环保局以印度尼西亚出口的未提炼棕榈油不符合其规定的碳排放标准为由将其列入进口黑名单。另外，作为 2012 年 APEC 东道主，俄罗斯起初对于环境产品与服务议题并不热衷，甚至是反对的，7 月召开的环境部长会上没有将环境产品清单列入议题。而后因妥协交易而勉为同意。因此，可以说，APEC 环境产品清单的达成不仅是发达成员和发展中成员在环境产品问题上相互博弈的结果，也是环境产品与其他相关产品贸易利益互换的结果。

4 APEC 环境产品清单影响分析

2012 年 9 月 9 日，APEC 第二十次领导人非正式会议通过了一份包含 54 个六位税号的环境产品清单，APEC 各经济体需在 2015 年前将该清单中产品的关税降低至 5%及以下。这是世界上第一个达成的用于降低关税和贸易自由化的环境产品清单，而且是在 WTO 环境产品谈判十年未果的情况下达成的，因而备受关注，也将产生重要和深远影响。

4.1 国际上已有的环境产品清单及特征

国际上一般认为环保产业由环境产品和环境服务组成。但对于什么是环境产品，没有统一的环境产品分类，不同机构有不同定义和分类。也正因为如此，环境产品清单谈判成为 WTO 环境与贸易议题的焦点和 APEC 环境产品和贸易自由化最急迫工作。

4.1.1 国际上主要的环境产品清单

在 2012 年 APEC 发布 54 个六位税号的环境产品清单之前，国际上对环境产品分类比较有影响的包括：APEC 1998 年环境产品清单、OECD 环境产品清单、WTO 清单。

APEC 1998 年环境产品清单。制定目的是为推动 APEC 包括环境产品和服务在内的 9 个部门提前自由化。从最终用途出发，具体分为空气污染控制、饮用水处理、废水管理、噪声/振动消除、固体/危险废物、热/能管理、可再生能源、监测/分析、其他回收系统、补救与清除 10 大类。该清单共包含 109 个六位税号产品，例如：液体泵（税号 841360）、水蒸气或其他蒸汽动力装置的冷凝器（税号 840420）、曝光表（税号 902740）、色谱仪及电泳仪（税号 902720）等。

OECD 环境产品清单。是由 OECD 的一个工作小组完成的一份研究成果。该清单将环境产品分为三大类，分别是污染管理、较清洁技术和产品、资源管理三大类。每一大类又进行了细分，污染管理包括空气污染控制、废水管理、固体废物管理、治理与清除、噪声与振动消除、环境监测、分析与评价；较清洁技术和产品包括较清洁/资源高效技术、工艺和产品；资源管理包括室内空气污染控制、供水、循环材料、可再生能源、热/能节约与管理、可持续农业和渔业、可持续林业、自然风险评估、生态旅游等。该清单共包含 161 个六位税号产品，例如：液体泵（税号 841360）、熟石灰（税号 252220）、曝光表（税号 902740）、色谱仪及电泳仪（税号 902720）、减压阀（税号 848110）等。与 APEC 清单相比，有 36 个相同税号产品。

WTO 清单。WTO 秘书处在各经济体提出清单基础上汇总在其 2010 年报告（TN/TE/19）中的清单。清单分为空气污染控制、可再生能源、废物管理和废水处理及补救、环境技术、其他几个部分。该清单共包含 408 个六位税号产品，后秘书处又据此压缩成一个仅包含 153 个六位税号产品。例如：水蒸气或其他蒸汽动力装置的冷凝器（840420）、减压阀（税号 848110）等。

以上几个清单中，APEC 1998 年清单和 OECD 清单也作为 WTO 谈判的讨论对象，但 WTO 具体谈判仍以其经济体提出的清单为基础。APEC 1998 年清单和正在讨论中的 APEC 2012 年清单没有任何关系。

4.1.2 国际上环境产品清单的特征

从以上国际上环境产品分类及清单可以看出如下特征：

第一，提出环境产品分类及清单的机构或组织都是贸易/经济组织，而非环境机构。例如：以上比较重要的几种环境产品分类及清单是 APEC、OECD、WTO 提出的，这些机构无一例外都是贸易和经济组织。而联合国环境规划署主管环境的国际组织却从未提出过任何环境产品清单或定义。各经济体所提环境产品清单也是在这些贸易机构或组织谈判的框架下进行的，或者是为这些谈判而制定的。这是根本，决定了现有环境产品清单的所有属性和本质，就像狼妈妈生不出羊宝宝一样。

第二，制定环境产品清单的目的自始至终都是贸易和经济目的，而非环境目的，环境只是"外衣"。不论是 APEC 还是 WTO，环境产品制定的根本目的就是降低关税，实现环境产品贸易自由化。这就是为什么现有环境产品清单总是和税号对应在一起，而非产品的描述或产品集。例如我们讲塑料产品，就是所有由塑料制作的产品，是为了区分不是木头或钢铁制作的产品，在税则中分在各个税号下，不一定非得和税号对应。这也是为什么所提环境产品清单中甚至有全球环境公约中禁止贸易产品，例如汞的有机或无机化合物（税号 285200）。有的甚至是严重污染环境或对环境有不利影响的产品，例如废旧衣物和铅酸蓄电池（税号 850720）。

第三，环境产品清单的制定过程是自下而上的过程，因此反映的都是各方的出口利益。APEC 各经济体提出的清单中，差异非常大，各具特色。在美国提交的 APEC 环境产品清单中，对应至 HS2007 版税目为 179 个 6 位税号，与 WTO 提出的 153 类环境产品清单相比，减少了 30 个产品，分别为 1 个化工品、11 个钢铁制品、1 个铝制品、9 个机械产品、7 个电子产品和 1 个仪器产品，同时增加了 34 个产品，分别为 3 个税号植物材料席子帘子、1 个玻璃制品、2 个钢铁制品、2 个铝制品、9 个机械产品、9 个电子产品和 8 个仪器产品，显然美国减少了其不占优势的钢铁制品数量，增加了其优势的仪器产品的数量。日本提出的 APEC 环境产品清单共计 242 个 HS 2007 版 6 位税号，与 WTO153 清单相比，增加了 67 个税号产品，分别为 1 个机械产品、35 个电子产品、28 个汽车产品和 3 个灯具产品。显然日本增加的产品是其极具优势的电子和汽车产品。而俄罗斯所提环境产品清单中能源和化工类产品占绝大多数比例，提出的很多是石油和天然气相关产品。

第四，尽管所提环境产品分类千差万别，但基本可以归为两大类：一类是末端治理类环境产品，例如空气泵、消声器等；另一类是环境友好类产品，例如，高效的空气调节器、冰箱、洗衣机等。而如何认定什么是环境产品没有任何标准，随意性很强。

总而言之，现有国际组织制定的环境产品清单具有很强的经济和贸易属性，而较少具有环境特质；环境产品清单制定只是从供给出发，而非需求；环境产品清单本身既没考虑生产过程是否有污染，也少考虑消费中的排放，更多考虑的是流通中的利益。

4.2 APEC 环境产品清单及分析

领导人宣言附件 C 名称为 APEC 环境产品清单，介绍了提出环境产品清单的背景、目的，并且指出为实施环境产品清单开展能力建设的承诺，然后用列表形式列出 54 个 6 位 HS 税号的环境产品清单。清单分为 6 列：前三列分别是 2002 年、2007 年、2012 年海关 HS 6 位税号代码；第四列是 HS 6 位税号产品的具体描述，大致与海关税则目录表述类似；第五列是产品的用途、关税例外等的说明；第六列是产品的备注/环境效益，包括产品的环境用途及入选本清单的理由。产品按税号大小顺序排序。清单结构及内容如表 4-1 所示。

该环境产品清单[①]涉及空气污染控制、固废及危废处置、可再生能源、废水及饮用水处理、自然风险管理、环境监测及分析设备、环境友好产品等领域。其中，可再生能源、环境监测分析和评估设备以及固体废物（包括危险废物）循环处置三个领域涉及产品数量最多，共计 42 种，分别占到清单产品的 27.8%、27.8% 以及 22.2%，占环境产品清单总数的约 80%，具体分类如表 4-2 所示。

---

① 原始的环境产品清单没有分类，此处分类是为了分析的需要。这里采用 WTO 环境产品和服务主席之友对环境产品的分类，WTO 主席之友成员包括加拿大、欧盟、日本、韩国、新西兰、挪威、中国台湾、瑞士和美国。他们 2007 年 4 月在 WTO 提出一个包含 164 个产品的清单，共分 12 类：空气污染控制、固体废物管理和循环系统、土壤和水的清洁或补救、可再生能源、热力和能源管理、废水管理和饮用水、环境友好产品、清洁或更资源有效的技术和产品、自然风险管理、自然资源保护、噪声和振动消除、环境监测、分析和评价。但在谈判过程中，各经济体提出的清单中大多进行了分类，只是分类并不一致。

表 4-1　2012 APEC 环境产品清单

海关 6 位税号（2002）	海关 6 位税号（2007）	海关 6 位税号（2012）	海关 6 位税号描述	排除/产品规格详述	附注/环境利益
	441872		其他竹制多层已装拼的地板（4418 7210）		可再生竹制产品是木制生活必需品的替代品。由于竹子的生长周期短，这些环境友好型产品能节约大量的水、油和空气资源
840290	840290	840290	蒸汽锅炉（能产生低压水蒸气的集中供暖用的热水锅炉除外）；过热水锅炉 [加、日、新西兰、韩] 蒸汽锅炉（能产生低压水蒸气的集中供暖用的热水锅炉除外）；过热水锅炉；零件：[美] 过热水锅炉及蒸汽锅炉的零件（集中供暖用的热水锅炉除外）[港] 过热水锅炉及蒸汽锅炉的零件 [新加坡、文]	840219x 的零件[加、日、新西兰、美、韩、港、澳] 生物质燃料锅炉零件[美] 固体废物与有害废料治理[文]	以上描述的生物质燃料锅炉的零件[加、日、新西兰、美、韩、港、澳] 使用（可再生）生物质燃料产热和电的锅炉的零件[港] 使用（可再生）生物质燃料产热和电的锅炉的零件。此产品可在税号840219 下找到。生物质供热系统使用农业、林业、城市和工业废物和垃圾产生热量和电力，比化石燃料对环境产生的影响十分有限。这种类型的能量生产对环境的长期影响十分有限，因为生物质中的碳是自然界碳循环的一部分[新加坡、文]

海关6位税号（2002）	海关6位税号（2007）	海关6位税号（2012）	海关6位税号描述	排除/产品规格详述	附注环境利益
840410	840410	840410	税目84.02或84.03所列锅炉的辅助设备（例如，节热器、过热器、气体回收器；水蒸气或其他蒸汽动力装置的冷凝器[加、日、新西兰、韩、俄、澳、马、文]	84021 9x的辅助设备[加、日、新西兰、韩、澳]；8403税号下的中央供暖锅炉[马、文]	能最大程度减少释放到大气中的污染物的工业废气处理设备的组件。此设备也被用于支持余热回收处理过程中的废物处理，或用于可再生能源资源的回收[加、日、新西兰、韩、澳、文]
			税目84.02或84.03所列锅炉的辅助设备（例如，节热器、过热器、气体回收器）[美]		能最大程度减少释放到大气中的污染物的工业废气处理设备的组件。此设备也被用于支持余热回收处理过程中的废物处理[生物质能源发电仅美国]和用于可再生能源资源的回收[美、中国香港、马]
			蒸汽锅炉、过热水锅炉及集中供暖用的热水锅炉的辅助设备 [中国香港] 蒸汽、热水及集中供暖用锅炉的辅助设备 [新加坡]		烟灰清除剂和能最大程度减少释放到大气中的污染物的工业废气控制设备的组件。此设备也被用于在废水处理或可再生能源回收过程中支持余热回收处理[新加坡]
840420		840420	税目84.02或84.03所列锅炉的辅助设备（例如，节热器、过热器、气体回收器；水蒸气或其他蒸汽动力装置的冷凝器		用于冷却气流，使其温度低至允许移除污染物，如类似未的挥发性有机化合物

海关6位税号（2002）	海关6位税号（2007）	海关6位税号（2012）	海关6位税号描述	排除/产品规格详述	附注环境利益
840490	840490	840490	锅炉及蒸汽锅炉的冷凝器的零件 [加、日、新西兰、韩]；税目84.02或84.03所列锅炉的辅助设备（例如，节热器、过热器、除灰器、"气体回收器"）；水蒸气或其他蒸汽动力装置的冷凝器 [美、澳、俄]；子目号840410100的零件[马、文]	空气污染防治[文]	这些零件是用于维修和保养840410下支持余的设备。第二项这项设备也被用于支持余热回收程序，例如以上提到的锅炉，用于废水处理或可再生能源资源回收[加、日、新西兰、美、澳、泰、马]；能最大程度减少释放到大气中的污染物的工业空气污染处理设备的组件。此设备也被用于支持余热回收过程中的废物处理，或用于可再生能源资源的回收[文]
840690	840690	840690	汽轮机的零件 [加、日、新西兰、韩、澳、文]；蒸汽轮机零件 [美、马]	备选的非全税目项可能包括适用于超过或不超过40MW的固定式蒸汽涡轮机和其他蒸汽涡轮机的零部件；840681x、840682x、税号下的零部件[加、日、新西兰、韩、澳]；840681x、840682x、税号下的零部件。[美]；可再生能源厂[文]；仅指定转子叶片、转子和转子叶片[俄]	用于维修和保养840681和840682下所列的能量回收汽轮机的零件[加、日、新西兰、韩、澳]；前面所列的8406税目下的产品或产品非全税目项的零件[美]；生产地热能（可再生能源）的汽轮机和热电联产（比传统生产方法能效更高）[俄]

海关6位税号 (2002)	海关6位税号 (2007)	海关6位税号 (2012)	海关6位号税号描述	排除/产品规格详述	附注环境利益
841182	841182	841182	其他功率超过 5 000 kW 的燃气轮机 [加、日、新西兰、澳、泰、新加坡、文] 功率超过 5 000 kW 的涡轮喷气发动机及涡轮螺桨发动机除外 [中国香港] 功率超过 5 000 kW 的涡轮喷气发动机、涡轮螺桨发动机及其他燃气轮机 [马]	备选的非全税目项可能包括燃烧天然气的非全税目涡轮机[加、日、新西兰、澳、泰、新加坡、文] 利用回收垃圾填埋气体发电的燃气涡轮机 (不超过 5 000 kW) [文] 功率超过 5 000 kW 但不超过 50 000 kW[俄]	利用垃圾填埋气体回收、燃煤通风气体或沼气产电的燃气轮机 (清洁能源系统) 注意这些涡轮机 "功率超过 5 000 kW" [加、日、中国香港、新西兰、澳、文] 利用垃圾填埋气体回收、燃煤通风气体或沼气产电的燃气轮机[美] 利用垃圾填埋气体回收、燃煤通风气体或沼气产电的燃气轮机。与传统的火电发电方式相比污染排放更低[新加坡]
		841199	燃气轮机的零件	841181 和 841182 的零部件	以上描述的燃气轮机的零件[美]
	841290	841290	发动机及动力装置零件,未列名的 [加、日、新西兰、俄、美、马、文] 税号 8412.10-8412.80 列名的发动机及动力装置零件 [新加坡]	风力涡轮机叶片和轮毂[美] 仅用于民航[俄]	这些叶片和轮毂是风力轮机的组件 [美] 风力轮机的零件。用于维修和保养风力轮机的零件[新加坡]
841780	841780	841780	其他非电热的工业或实验室用炉及烘箱,包括焚香炉 [加、日、新西兰、韩、澳、俄、马、文] 非电热的工业或实验室用炉及烘箱,包括焚香炉;其他,及零件:其他,零件除外[美] 生活垃圾焚烧炉 (84178090);放射性废物焚烧炉 (84178020) [中]	备选的非全税目项可能包括:垃圾焚烧炉;热或触媒焚化炉。[加、日、新西兰、韩、澳、马] 废物焚烧炉;热或触媒焚化炉[美] 废物焚烧炉;焚烧炉烟气处理系统[文]	这些产品被用于销毁固体有害废物。触媒焚化炉是通过加热废气和有机化合物销毁污染物 (如挥发性有机化合物) [加、日、新西兰、韩、澳、马、美、文] 用于通过高温焚化废弃物达到生活垃圾无害化处理和杀菌的目的。用于放射性废物处理[中]

海关6位税号 (2002)	海关6位税号 (2007)	海关6位税号 (2012)	海关6位税号描述	排除/产品规格详述	附注/环境利益
841790	841790		非电热的工业或实验室用炉及烘箱，包括焚香炉：零件 [加、日、新西兰、澳、韩、俄、马] 非电热的工业或实验室用炉及烘箱，包括焚香炉及零件 [美]	备选的非全税目项可能包括：84180x 税号下的零件[加、日、新西兰、韩、澳] 垃圾焚烧炉及热或触媒焚烧炉零部件[美、文]	这些零件可以帮助保养和维修用于销毁固体有害废物的产品。类似地，催化焚烧炉的零件也可以帮助保养和维修那些可以通过加热废气和有机化合物销毁污染物（如挥发性有机化合物）的产品[加、日、新西兰、美、韩、澳、俄、文]
841919	841919	841919	非电热的快速热水器或贮备式热水器（燃气快速热水器除外）[加、日、新西兰、韩、中国香港、文] 非电热的快速热水器或贮备式热水器：其他 [美、澳] 太阳能热水器 [新加坡] 太阳能其他 (8419 1910) [中]	太阳能热水器 [加、日、新西兰、美、韩、港、澳、文] 排除其他——本地的铜制的或其他[马]	使用太阳能的热能来加热水，不产生任何污染。使用太阳能加热水，取代燃烧其他产生污染的燃料[加、日、新西兰、美、韩、中国香港、澳、素] 使用太阳能的热能来加热水，不产生任何污染。使用太阳能加热水，取代燃烧其他产生污染的燃料[新西兰、文] 使用太阳能加热水，与燃烧燃料相比是可再生和清洁的[中]
841939	841939	841939	干燥器，其他	污泥干燥机	用于需要处理污泥的废水处理设备[加、日、新西兰、美、韩、澳]
841960	841960	841960	液化空气或其他气体的机器		通过冷凝分离和去除污染物[加、日、新西兰、美、韩、澳]。控制空气污染。用于冷凝，使蒸汽中的凝结污染物变成液体形态，更容易被去除和存储[素]

海关 6 位税号 (2002)	海关 6 位税号 (2007)	海关 6 位税号 (2012)	海关 6 位税号描述	排除/产品规格详述	附注/环境利益
		841989	机器、装置以及类似的实验室设备（不包括税号 85.14 的熔炉、烤炉和其他设备）通过一个包括温度变化的过程来处理材料，例如加热、烘焙、蒸煮、蒸馏、精馏、消毒、巴氏杀菌、蒸制、干、蒸发、冷凝或冷却，除外家庭用途的机器或机器，非电气的瞬间或贮热水式电热水器 [加、日、新西兰、澳]	蒸发器和烘干机，用于水和废水处理。沼气反应堆，消化罐和冷却塔。消化和沼气精炼提纯设备 [加、日、新西兰、澳]	用于通过冷凝分离和去除污染物，处理水和废水。包括流化床燃料锅炉。循环罐等）和生物质燃料锅炉。也可以帮助有机物的厌氧消化。
				蒸发器和烘干机，用于水和废水处理。冷凝器和冷却塔。沼气厌氧反应堆，沼气罐和沼气精炼提纯设备。光伏电池涂料器 [美]	用于通过冷凝分离和去除污染物，处理水和废水。包括流化床系统（气泡、循环罐等）和生物质燃料锅炉。湿式冷却塔。光伏电池是非常有效的空气净化器。产生可再生能源[美]
	841989		工业机器、装置、装置或设备通过一个包括温度变化的流程来处理原料，未列名 [美]		用于制造二氧化氯。这些仪器也被用来测量、记录、分析和评估环境样品或环境影响[中]
841989			机器、装置或实验室设备-其他机器、装置及设备：其他 [俄] 其他利用温度变化处理材料的机器（8419890）[中] 其他机器、装置或实验室设备 [新加坡]		热循环仪仪有多种环境用途

海关6位税号（2002）	海关6位税号（2007）	海关6位税号（2012）	海关6位税号描述	排除产品规格详述	附注/环境利益
841990	841990	841990	机器，工厂和设备的部件[文]的税号为84.19[加、日、新西兰、中国台湾、澳、俄] 机器，工厂或实验室设备的部件通过改变温度处理原材料（除了家庭用的机器），未列名 [美] 机器，工厂和设备的部件的税号为84.19[新加坡] 部件，其他[马] 热水器零部件（84199010）[中]	备选的非全税目项可能包括：8 419.19和太阳能锅炉及其零部件：保温、温度传感器；温差控制器；玻璃管真空管；热交换管。841940x, 841950x, 841960, 841989x 税目下的零部件[加、日、新西兰、中国台湾、澳] 非全税目项：841990100, 84199200, 84199300[马] 太阳能热水器的零部件[文]	用于保养和维修太阳能热水器（等） 使用太阳能加热水、不产生污染的零件。用太阳能代替燃烧能产生污染的燃料 [加、日、新西兰、中国台湾、澳，以上所列的税目 8419 下的产品或非全税目项的零件[美] 用于保养和维修上述产品的零件[新加坡] 这些是税目 8419 下列的零件和附件[文] 用于太阳能热水器的零部件，与燃烧燃料相比可再生且清洁[中]
842121	842121	842121	液体过滤或净化机器及设备：用于过滤或净化水 [加、日、新西兰、韩、澳、俄、新加坡] 水过滤或净化[马]机器和设备[美，文] 家用型过滤净化水的机器及其他装置（8421110），工业用重金属离子去除器；膜生物反应器；高复合质氧反应器；工业用反渗透过滤器；纯	废水处理[文]	用于过滤和净化各种环境下的水，可应用于工业和科学上，包括污水处理厂和污水处理设施[加、日、新西兰、韩、澳] 用于过滤和净化各种环境下的水，可应用于工业和科学上，包括污水处理厂和污水处理设施。还包括更新的水和污水过滤技术，例如臭氧和紫外线消毒设备[美]

海关 6 位税号 (2002)	海关 6 位税号 (2007)	海关 6 位税号 (2012)	海关 6 位税号描述	排除产品规格详述	附注/环境利益
842121	842121	842121	水设备：EDI 超纯水设备（8421290）[中]		用于过滤和净化各种环境下的水，可应用于工业和科学上，包括污水处理厂和污水处理设施。例如，海水或含盐地下水可以用于从废水，海水或含盐地下水中生产水，无论是饮用水还是通过过滤和净化设备的核心组件[新加坡] 这些设备是饮用水过滤和净化设备的核心组件[中]
842129	842129	842129	液体过滤或净化机器及设备：其他[加、日、新西兰、美、韩、澳]其他[马] 压滤机 84212910）：印制电路板蚀刻液循环处理设备；中水处理设备；离子交换器；造纸黑液碱回收成套设备；曝气器；电渗析器（8421299）[中]	制冷剂回收及循环再造装置 [美] 用于石油钻井作业的机油清滤器 [马]	通过化学品回收、水油分离、筛选或过滤、从废水中去除污染物[加、日、新西兰、韩] 这些装置能够恢复制冷和空调设备里的液态和气态制冷剂，并净化制冷剂。此过程可防止多种空气污染物的释放[美] 排除其他用于机动车辆组件的过滤器[澳] 用于过滤设备，向过滤介质注入机械力[中] 蚀刻溶液是印刷电路板蚀刻的一个核心组件，但用污染。这些设备通过过滤、萃取、膜处理和电极法，被设计计用

海关 6 位税号 (2002)	海关 6 位税号 (2007)	海关 6 位税号 (2012)	海关 6 位税号描述	排除/产品规格详述	附注/环境利益
842129	842129	842129			于循环处理可再使用的蚀刻溶液[中] 这些设备被用于将废物变成非饮用水，非饮用水可被广泛用于农业灌溉、园林绿化、冲厕等[中] 这些设备用于软化水、去除碱以及通过离子交换脱盐，这些离子在特定条件下的预处理水阶段，具有同样的电气特性[中] 这些设备，被设计用于净化和循环黑色液体，有效地消除了污染了污水处理设备包括洗浆机、预挂过滤器、外放设备、苛化剂等[中] 水上和水下充气曝气机，水上和水下充气器是含氧排水曝气机的核心组件[中] 电渗析器利用离子交换膜和交流电电场，使得电解质的移动产生选择性，从而能淡化水[中]
842139	842139	842139	气体过滤净化机器及设备（除了内燃发动机的进气过滤器）[加、日、新西兰、韩、新加坡] 气体过滤净化机器及设备，未列名[美、澳、泰]	备选的非全税目项可能包括：催化转换器/气体分离设备/额定功率在 550 kPa 及以上的气动流体动力过滤器/工业气体过滤器/静电气体过滤器（除尘器）[加、日、新西兰、韩]	用于去除挥发性有机物、气体中的固体或液体微粒等的物理、机械、化学或电气过滤器和净化设备[加、日、新西兰、韩、澳]

海关6位税号（2002）	海关6位税号（2007）	海关6位税号（2012）	海关6位税号描述	排除/产品规格详述	附注环境利益
842139	842139	842139	层流装置[马] 家用型气体过滤、净化机器及装置（84213910）；工业用静电除尘器（84213921）；工业用袋式除尘器（84213922）；工业用旋风式除尘器（84213923）；工业用其他除尘器（84213929）；烟气脱硫装置[中] （84213940）：吸附浓缩-催化燃烧设备；活性炭纤维-颗粒活性炭设备；喷洒式饱和器（84213990）[中]	排除同类产品中用于机动车辆组件的其他过滤装置[澳] 催化转换器/除尘设备/额定功率在550 kPa及以上的气动流体动力过滤器/工业气体净化器设备用静电过滤器（除尘器）/臭氧消毒设备[美] 选的非全税目项：其他设备[马] 进口的层流装置、催化转换器和在天然气加油站使用的二氧化碳清除装置[泰]	催化转换器将如一氧化碳的有害污染物转化成害更小的排放物。此行中的其他技术包括用于去除挥发性有机物、气体中的固体液体微粒等的物理、机械、化学或电气过滤器和净化设备[美] 用于污水处理。用于多种环境下过滤和净化水。具有工业和科学用途[美] 包括污水处理厂和污水处理设备。例如，膜系统可以用于从废水、海水或含盐地下水中生产水，无论是通过净化还是过滤[新加坡] 控制空气污染[泰] 室内有毒气体，尤其是甲醛和苯的净化设备[中]
842199	842199	842199	离心机，包括离心干燥机；液体或气体过滤或净化机器及设备的部件（除丁离心机和离心干燥机）；液体或气体过滤或净化机器及设备的部件[美]。离心机包括离心干燥机；液体或气体过滤或净化机器及设备的部件[加、日、新西兰、韩]。液体或气体过滤或净化机器及设备的部件，离心机包括离心干燥机；液体或气体过滤下的产品[马、文]	842121和842129税目下的零部件[加、日、新西兰、韩]，用于机动车部件中其他同类的过滤器零件除外[澳]；842121、842129x和842139税目下的零部件[美]。非全项目描述:842123100、842129510、842121和842129次税目下的产品[马、文]	包括污泥的带式压滤机和带式增稠剂[加、日、新西兰、韩、澳]。税目8421下所列的产品或产品非全税目项的零件[美]

海关 6 位税号（2002）	海关 6 位税号（2007）	海关 6 位税号（2012）	海关 6 位税号描述	排除/产品规格详述	附注环境利益
842199	842199	842199	滤或净化机器及设备（其他）[澳]。842129300 税目下的零部件 [马、文] 家用型过滤、净化装置用零件（84219910）[中]		
847420	847420	847420	粉碎或研磨机 [加、日、新西兰、美、韩、中国台湾、澳大利亚、俄]，用来粉碎矿"物质的固体（包括粉状或糊状）形态土/石/矿"石/其他矿"物质的粉碎/研磨机 [新加坡] 用来分拣、筛选、分离、洗涤、粉碎、研磨、混合或揉捏泥土、石料、矿"石或其他矿"物物质的机器（包括粉状或糊状）形式的机器；用来凝聚、塑造或模制固体矿"物燃料、陶瓷浆、湿水泥、粉刷材料或其他粉状或糊状矿"物产品的机器；砂铸造模具的成型机。粉碎或研磨机，混合或混合机 [马]	排除混凝土或砂浆混合机器 [马、澳]	用于固体废物处理或循环利用 垃圾压实机。用于固体废物处理或循环利用 [新加坡]

海关 6 位税号（2002）	海关 6 位税号（2007）	海关 6 位税号（2012）	海关 6 位税号描述	排除/产品规格详述	附注/环境利益
	847982	847982	混合、揉捏、粉碎、研磨、筛选、筛分、均质、乳化或搅拌机，在第 84 章未列名 [加、日、新西兰、中国台湾、韩、新加坡] 混合、揉捏、粉碎、研磨、筛选、筛分、均质、乳化或搅拌机[美、俄、文]	废物分类、筛选、粉碎、研磨、粉碎、研磨、筛选、搅拌器。废水处理搅拌器；快速混合器和絮凝器 [加、日、新西兰、韩、美、中国台湾] 其他机器及机器用具：混合、捏合、破碎、研磨、筛选、过滤、均质、乳化或搅拌机[澳] 废物压实机[澳]	用于准备回收废物；在处理过程中混合废水；准备将有机废物用于施肥（施肥能最大限度地减小垃圾填埋场的废物量，同时也能回收贵重的养分和废物中的能源部分）[加、日、新西兰、韩、中国台湾、澳] 用于准备废物回收；去除或粉碎废水中常见的碎片；在处理过程中混合废水；准备将有机废物用于施肥（施肥能最大限度地减小垃圾填埋场的废物量，同时也能回收贵重的养分和废物中的能源部分）[美、文] 废物分离的回收。准备废物的回收，分离的废物可以更有效地治疗各类型，例如、分离有机废物可以进行堆肥处理，以及垃圾填埋场的废物回收中的营养和能量含量）[新加坡]
847982			废物分类、筛选、粉碎、研磨、切碎、清洗和压实设备。混合了废水处理、闪光混合器和絮凝器 [澳] 水处理行业加药搅拌设备；废塑料、橡胶破碎、轮胎循环处理再生设备（8479820）[中]		这些设备被用于释放和最小化治疗过程 这些设备是被用于回收废品轮胎[中]

海关6位税号（2002）	海关6位税号（2007）	海关6位税号（2012）	海关6位税号描述	排除产品规格详述	附注环境利益
847989	847989	847989	拥有独立功能的机器或机器设备在本章中未列名 [加、日、新西兰、美、中国台湾、俄] 其他机器或机器设备，除了处理金属的机器机器具，包括工业催化剂、电线圈、混合、揉捏、粉碎、研磨、筛选、筛分、均质、乳化、搅拌机 [新加坡] 空气增湿器及减湿器（84798920）；放射性废物压实机（84798950）；吸泥机、刮泥机；垃圾压实机；煤秆石、粉煤灰空心砖真空挤出机；（风机）消声器（84798999）[中]	备选的非全税目项目可能包括：垃圾收集和其他废物压实机；碎纸机；粉尘收集和除尘设备；水和废水收集采样设备；氯发生器；固/液分离设备、污水污泥监测仪器；凝或增厚；垃圾填埋气体收集设备；厌氧沼气池有机废物处理器发生器；垃圾填埋场渗滤液处理设备、堆肥设备和车辆、土壤取样设备和水草切割机；溢油回收设备和水草切割机 [美、中国台湾]	为更大范围的环境管理，包括废物、废水、饮用水生产和土壤修复设计的机器和器具。密封式堆肥系统可以处理大量废物，加快分解，一边更有效地减少固体废物的体积。垃圾压实机一边有机地分解，一边更有效地运输和处置。 非常广泛，税号847989下的产品是用于更大范围的环境管理，包括废物、废水、饮用水生产和土壤修复设计的机器和器具 [新加坡]
				不包括作为机动车辆的组成部分使用的零件 [澳]	确保室内湿度平衡的零件。旅行吸湿、挖泥船是用于sevage法处理厂和水平的自来水厂沉淀池。这些机器可以刮掉、聚集泵口的污泥，将其一直从污水池去除 [中]
847990	847990	847990	机器和机器设备的零部件属于税号84.79。[加、日、新西兰、中国台湾、美、俄] 有独立功能的机器或机器设备的零部件不被列入这一章 [新加坡] 空气增湿器及减湿器零件（84799020）[中]	[US、CT]847982x 和 847989x 的零部件属于税号847980 下所列的环境利益[加、日、新西兰、合] 以上所述的税目 8479 下所列产品或非全税目项的零件[美] 不包括作为机动车辆的组成部分使用的机器及机器具[澳]	税目 847980 下所列的环境利益[加、日、新西兰] 以上所述的税目 8479 下所列产品或非全税目项的零件[美] 废物分类压实机的零件。被用于保养和维修垃圾分离机和压实机的零件，具有环境利益，例如膜泵可用于从废物中回收资源[新加坡] 确保室内湿度的零件[中]

海关 6 位税号（2002）	海关 6 位税号（2007）	海关 6 位税号（2012）	海关 6 位税号描述	排除/产品规格详述	附注/环境利益
850164	850164	850164	交流发电机,输出功率超过 750 kVA		用于在可再生能源工厂与锅炉和涡轮机组合产生来自可再生能源燃料生产电力的电力 与涡轮机和发电机组合产生来自可再生能源燃料生产电力[文] 用于在可再生能源工厂与锅炉和涡轮机组合（也列在 840681 和 840682 下）生产电力。必须使用这些组合的涡轮机和发电机从可再生电力（如生物质燃料）中产生电力。功率大小为"超过 750 kVA"[加、日、新西兰、韩、澳、文] 用于在可再生能源工厂与锅炉和涡轮机组合生产电力。必须使用这些组合的涡轮机和发电机从可再生能源（如生物质燃料）中产生电力[美]
850231	850231	850231	其他电动发电机组: 风力 [加、日、新西兰、美、韩、港、俄、马] 风力发电机组[新加坡] 风力发电设备[中国台湾] 发电机组和旋转式变流器: 风力[文] 风力发电机组（85023100）[中]	非晶变压器[文]	依靠可再生能源（风能）发电[加、日、新西兰、美、韩、中国香港、文] 用于风力涡轮机。用于风能可再生能源[新加坡] 一些热交换器是特别设计的,用于可再生能源相关的运用,例如地热能[马] 依靠可再生能源（风能）发电[马] 依靠可再生能源（风能）发电[中]

海关6位税号（2002）	海关6位税号（2007）	海关6位税号（2012）	海关6位税号描述	排除产品规格详述	附注环境利益
850239		850239	发电机组和旋转式变流器;其他[加、日、新西兰、韩、俄、澳]发电机组,电动未列名[美、俄、澳]沼气发电机组;瓦斯发电机组[中]（8502 3900）	备选的非全税目项目可能包括:使用生物和或沼气的热电联产系统;便携式太阳能发电设备,太阳能发电电动发电机组、小水电供电的发电厂;波浪发电设备;用于生物质发电厂[加、日、新西兰、韩]和预热应用的燃气发电机组件。[澳] 小水电、海洋、地热能和生物质能燃气涡轮发电机组[美] 热回收系统[文]	热电联产系统同时产生可用能量(通常是电)和热。微型热电联产系统在当地使用是非常有效的,尤其是在那些天然气网络和热水中央供暖规范的区域。"分散式发电"同样可通过电网,最大限度地减少了传输损耗,降低了集中增加发电能力和输电网络的需要[加、日、新西兰、韩、澳、文] 依靠可再生能源生产电力[美] 沼气发电[中]
850300	850300	850300	适合使用的机器在税号8501或8502的完全或主要部件[加、日、新西兰、中国台湾、澳、俄、秦、马、文] 税号下的零部件和备选的非全税号下的零部件包括850239x税号可能主要部件。适合税号85.01或85.02的机器的完全或主要部件。根据HS850231列出的发电机和发电机组的零件(可能包括例如发动机舱和风力涡轮机的叶片。[新加坡] 风力驱动发电机组的零件（85030030）[中]	850231税目项目下所列发电机和发电机组的非全税目项目可能包括850239x税号下的零部件[加、日、新西兰、韩、中国台湾、澳]850161, 850162, 850163, 850164, 850211x, 850212x, 850213x, 850220x, 850231和850239x中的零部件[美]	848340下所列发电机和发电机组的零件(用于可再生能源系统)。有关部分包括例如发动机舱和风力涡轮机的叶片。[加、日、新西兰、韩、马] 见847989下的环境利益[中国台湾] 以上所述的8501和8502下所列的产品和全税目项目的零件[美] 850231下所列发电机和发电机组的零件(用于可再生能源系统)。有关部分包括例如发动机舱和风力涡轮机的叶片。可再生能源发电产品的零附件[文]

海关6位税号 (2002)	海关6位税号 (2007)	海关6位税号 (2012)	海关6位税号描述	排除产品规格详述	附注/环境利益
		850490	电力变压器、静电转换器和电感器零件	850440x 税号下产品的零件 非铁氧体磁存储器 [俄]	用于将交流电从可再生能源发电机组转换成直流电
851410	851410	851410	电阻加热炉及烘箱 工业或实验室用电炉及烘箱（包括通过感应或介质损耗运作）；其他工业或实验室设备通过感应或介质损耗未末热处理材料：电阻加热炉及烘箱 [马] 可控气氛热处理炉（85141010）；工业、实验室用其他电阻加热炉及烘箱（85141090）[中]	备选的非全税目项可能包括：垃圾焚烧炉及焚化或触媒煤炭化炉 [加、日、新西兰、韩、中国台湾、澳]	这些产品用于销毁固体有害垃圾。催化焚化炉用于销毁污染物通过加热废气和有机化合物销毁有机氧化物（如择发性有机化合物） 这些仪器是用于测量、记录、分析和评估环境样品或环境对环境的影响 [中]
851420	851420	851420	通过感应或电介质损失末来运作的电炉及烘箱 工业、实验室用通过感应或介质损耗工作的炉及烤箱（85142000）[中]	备选的非全税目项可能包括：垃圾焚烧炉及焚化或触媒煤炭化炉 [加、日、新西兰、韩、中国台湾、澳]	这些产品用于销毁固体有害垃圾。催化焚化炉用于销毁污染物通过加热废气和有机化合物销毁有机氧化物（如择发性有机化合物） 这些仪器是用于测量、记录、分析和评估环境样品或环境对环境的影响 [中]
851430	851430	851430	其他电炉及烘箱 [加、日、新西兰、澳、中国台湾、韩、俄、马] 工业或实验室用电炉及烘箱，未列名 [美]	备选的非全税目项可能包括：垃圾焚烧炉及焚化或触媒煤炭化炉 [加、日、新西兰、韩、中国台湾、澳]	催化焚化炉用于销毁固体有害废物中的污染物（如择发性有机化合物）。通过加热废气和有机氧化物销毁污染物 [加、美、韩、中国台湾、日、新西兰、澳]

海关 6 位税号（2002）	海关 6 位税号（2007）	海关 6 位税号（2012）	海关 6 位税号描述	排除/产品规格详述	附注环境利益
851430	851430	851430	工业、实验室用其他电炉及电烘箱（85143000）[中]		这些产品是用于销毁热废气和有机氧化物产生的污染物（如挥发性有机化合物），通过加热废气和有机氧化物销毁污染物[美] 这些仪器是用于测量、记录、分析和评估环境样品或环境对环境的影响[中]
851490	851490	851490	工业或实验室电炉及电烘箱的零件；其他实验室感应或电介质加热设备[加、日、新西兰、澳、韩、中国台湾、马] 工业或实验室用炉及电烘箱（包括通过感应或介质热来热处理原料其他工业或实验室设备零件[美、澳、俄]	备选的非全税目项可能包括：851410x、851430x 和 851430x 税号下的零部件[加、日、新西兰、韩、中国台湾、澳]、851410、851420 和 851430 税号下的零部件[美]	所列设备的附件，促进通过加热废气和有机化合物销毁污染物（如挥发性有机化合物）[加、日、新西兰、韩、中国台湾、中国香港] 以上所述的税目 8514 下所列的产品附件[美]
854140	854140	854140	光敏半导体器件，包括光伏电池模块不论是否被组装成板面；发光二极管 [加、日、新西兰、美、韩、中国台湾、澳、泰、新加坡、马、文] 二极管、晶体管及类似半导体器件，包括光伏电池模块不论是否装配成板面[加、日、新西兰、美、韩、中国香港、澳、马、文] 二极管、晶体管及类似半导体器件，包括光伏电池模	光伏电池，组件和面板[加、日、新西兰、美、韩、中国香港、中国台湾、澳、文] 发光二极管，光电二极管，包括光电二极管和光电晶体器件；税号以 85.25 开头，包括除光伏电池、光电池体管，及以 85.25 为税号开头的所有不论组装与否的装置之外的所有不论装与号开头	太阳能光伏电池以对环境无害的方式（无排放、噪声或发热）发电。它们以特别适合在远离电网的偏远地区发电[加、日、新西兰、美、韩、中国台湾、澳、马、文] 以环境友好方式发电（无排放也不产生噪声）[新加坡]

海关6位税号 (2002)	海关6位税号 (2007)	海关6位税号 (2012)	海关6位税号描述	排除/产品规格详述	附注环境利益
854140	854140	854140	块不论是否被组装成块或板面；发光二极管；已装配的压电晶体；光敏半导体器件，包括光伏电池模块不论是否被组装成块或板面；发光二极管 [马] 太阳能电池（8514020）[中]	否，或制成面板与否的光伏电池组件。[马]	太阳能电池经济友好（无排放，无噪声）特别适合用于偏远地区供电[中]
854390	854390	854390	85.43 的机器设备零件[加、日、新西兰、韩、中国台湾、澳、俄、新加坡] 85.43 其他机器设备的零件[中]	854389x 的零件[加、日、新西兰、韩、中国台湾、澳]	水消毒 紫外线消毒臭氧发生器的零件。用于保养和维修紫外线消毒仪器的零件。紫外线能非常有效地杀死和消灭细菌、酵母菌、病毒、霉菌及其他有害生物。紫外线系统可以被用于沉淀和碳过滤器来生产纯净饮用水。水消毒臭氧（O_3）可以作为用于水消毒的氯气的替代品。这些仪器是用于测量、记录、分析和评估环境样品或对环境的影响 [中]
		901380	光学设备，仪器及器具，未列名	太阳能定日镜	定日镜调整太阳能发电系统的镜子，使其能将太阳光反射到聚光太阳能发电接收器上。
		901390	光学设备，仪器及器具的零件及附件，未列名	定日镜的零件	定日镜调整太阳能发电系统的镜子，使其能将太阳光反射到聚光太阳能发电接收器上。

海关6位税号（2002）	海关6位税号（2007）	海关6位税号（2012）	海关6位税号描述	排除产品规格详述	附注/环境利益
901580		901580	其他测量、测量海洋、水文、气象或地球物理用仪器及设备，不包括罗盘，没有在税目90.15下列名[加、日、新西兰、韩、中国台湾]；测量仪器及用具，用来测量水文、海洋、气象或地球物理的未列名[美、澳]		包括用于测量臭氧层的必要仪器和设备，用于监控、测量和协助规划预防自然灾害风险，例如地震、飓风、海啸等
902610	902610	902610	用来计量或检查液体或气体的流量、液位、压力或其他变量的仪器[加、日、新西兰、韩]；用来计量或检查液体流量或水平的仪器及器具[美、中国台湾、澳、文]；用来计量检查流量、液位、压力或其他计量检查气体或液体的变量（例如，流量计、液位计、压力表、热量计）的仪器及器具，不包括属于9014、9015、9028、9032的设备。用来计量或检查液体流量或液位的仪器测量、检验液体流量或液位的仪器（90261000）[中]	空气质量监测器；粉尘排放量的监测器[加、日、新西兰、韩]；汽车仪表组件除外[澳]；空气质量监测；自动空气质量监测[文]	测量空气污染的监视器；可能采取的改正措施的基础[加、日、新西兰、韩]；用于检查液体在复杂气体水平和流量的仪表，通常用于审核和检测期间，以确保如水和污水处理厂、空气污染控制系统以及水电设施等环境系统的有效运作[美、中国台湾、澳、文]；这些仪器是用于测量、记录、分析和评估环境样品或环境的影响[中]

海关 6 位税号 (2002)	海关 6 位税号 (2007)	海关 6 位税号 (2012)	海关 6 位税号描述	排除/产品规格详述	附注/环境利益
902620	902620	902620	压力的测量或检验仪器及装置 [加、日、新西兰、韩、中国台湾、澳] 液体或气体压力的测量或检验仪器及装置 [马] 测量和检验压力的仪器及装置 (9026090) [中]	排除作为机动车辆部件的计量器具类似设备 [澳]	压力表（测量压力）用于电厂、供水系统和其他设备，如监测室内空气的设备。有两种主要类型：数字压力计和管压力计，两者都是重要的环境应用 [加、日、新西兰、美、韩、中国台湾、澳] 这些仪器是用于测量、记录、分析和评估环境样品或对环境的影响 [中]
902680	902680	902680	其他仪器及装置 [加、日、新西兰、韩、中国台湾、澳、马] 测量和检验其他液体或气体量的仪器及装置，未列名 [美]	排除作为机动车辆部件的计量器具类似设备 [澳]	这些仪器和设备包括热量表、用于监测和测量、地热和生物量集中供热系统的热量分布[加、日、新西兰、美、韩、中国台湾、澳] 这些仪器是用于测量、记录、分析和评估环境样品或对环境的影响 [中]
902690	902690	902690	零件、附件[马]。税号以 9026 开头的用来计量或检验液体或气体的流量、液位、压力或其他变量的零件和附件，未列名 [加、日、新西兰、中国台湾、韩] 用来计量或检验液体或气体的流量、液位、压力或其他变量的零件和附件，未列名（例如，流量计、液位计、压力表、热量计），排除 [美]		9026.10、9026.20、和 9026.80 所属的仪器和设备 [加、日、新西兰、美、中国台湾、澳、韩] 这些仪器是用于测量、记录、分析和评估环境样品或对环境的影响[中]

海关6位税号（2002）	海关6位税号（2007）	海关6位税号（2012）	海关6位税号描述	排除/产品规格详述	附注/环境利益
902690	902690	902690	税号以90.14、90.15、90.28和90.32开头的零件和附件[澳] 液体或气体的测量或检验仪器零件（90269000）[中]		气体分析仪被设计成能连续监视单个或多个的气体成分，用来分析汽车的废气排放。 应用于监测/分析污染。
902710	902710	902710	气体或烟雾分析仪 NO_x、NO_2自动采样器及测定仪；SO_2自动采样器及测定仪（90271000）[中]	空气污染排放监测系统	气体分析仪被设计成能连续监视单个或多个的气体成分，用来分析废气的排放量。该仪器应用于环境样品或环境废气的分析和评估环境样品或环境废气的影响。该仪器可以采取预防措施，以控制空气污染[马] 这些仪器是用于测量、记录、分析和评估环境样品或环境的影响[马]
902720	902720	902720	色谱仪和电泳仪		气体和液体色谱仪应用于一种在检测前物理分离样品组分的分析方法。这些仪器可以用来监控和分析空气污染排放量、环境空气质量、水质，等等。 电泳仪可用于监控和分析从焚烧炉或

海关6位税号（2002）	海关6位税号（2007）	海关6位税号（2012）	海关6位税号描述	排除/产品规格详述	附注环境利益
902720	902720	902720			柴油车尾气排放的颗粒物。DNA 测序、聚合酶链反应（PCR）系统。热循环仪应用于多种环境目的，例如：环境监测、废物管理、污水处理、污染整治、可再生能源、自然资源保护、濒危物种保护、转基因生物检测[新加坡]
902730	902730	902730	使用光学射线（紫外线、可见光、红外线）的分光仪、分光光度计及摄谱仪		光谱仪在环境应用中用途广泛，包括鉴别和表征未知化学品，在环境应用中检测毒素和拣选痕量污染物。它们也可以用来进行定性和定量分析，特别是在质量控制部门，环境冶理、水资源管理、食品加工、农业和气象监测当中。 在环境应用中用途广泛包括鉴别未知的化学物质、毒素和痕量污染量，应用于质量控制部门，环境冶理，水资源管理、食品加工、农业和气象监测[新加坡]

海关6位税号（2002）	海关6位税号（2007）	海关6位税号（2012）	海关6位税号描述	排除/产品规格详述	附注环境利益
902750	902750	902750	使用光学射线（紫外线、可见光、红外线）的其他仪器及装置[加、日、新西兰、中国台湾、澳、韩、新加坡] 使用光学射线（紫外线、可见光、红外线）的理化分析仪器及装置，未列名[美] 紫外吸收水质自动在线监测仪；全自动红外测油仪（9027500）[中]		这些仪器可用于分析化学、热，或光学样品，还包括通过溶液浓度的颜色深浅来确定其浓度的水质光度计。[加、日、新西兰、中国台湾、澳、韩] 这些仪器可用于分析化学、热或光学的样品，还包括通过溶液的颜色深浅来确定其浓度的水质光度计。光应用于控制光源，并在农业、园艺和其他自然资源应用上的测量[美] 这些仪器是用于测量、记录、分析和评估环境样品或对环境的影响[中]
902780	902780	902780	任税号为90.27中未列名的理化分析仪器及装置[加、日、新西兰、中国台湾、澳、韩] 其他质谱仪（90278019）；PM10自动采样器及测定仪，未列名[美、澳] TOD自动在线测定仪；氨氮自动在线监测仪；BOD自动在线监测仪；噪声频谱分析仪；环境噪声监测仪（90278099）[中]	备选的非全税目项可能包括：用于分析噪音、空气、水、碳氢化合物的磁共振仪器，和用于识别土壤中的重金属。[加、日、新西兰、中国台湾、澳、韩]	DNA测序和聚合酶反应（PCR）系统；应用于生物和地质分析的磁共振仪器，和用于地质化合物的质谱仪。 这些仪器是用于测量、记录、分析和评估环境样品或对环境的影响[中]

海关 6 位税号 (2002)	海关 6 位税号 (2007)	海关 6 位税号 (2012)	海关 6 位税号描述	排除产品规格详述	附注环境利益
902790	902790	902790	检测切片机；9027 仪器及装置的零件、附件 [加、日、新西兰、澳、中国台湾、新加坡] 检测切片机；用于物理和化学分析的 9027 仪器及装置的零、附件 [美] 理化分析仪器及装置（例如，偏振仪、折光仪、气体或烟雾分析仪；测量或检验黏性、多孔性、膨胀性、表面张力及类似性能的仪器及装置；测量或检验热量、声量或光量的仪器及装置（包括曝光表）；检镜切片机：零件和附件 [越] 检镜切片机：理化分析仪器及装置的零件和附件 (90279000) [中]	备选的非全税目项可能包括：902710 和 902780x 税号下的零部件 [加、日、新西兰、韩、中国台湾、澳]	这些工具包括切片机，准备切片的样本进行分析。这里还包括 9027 所述的零附件 应用于热循环仪，DNA 测序及聚合酶链反应（PCR）系统等。 热循环仪，应用于多种环境目的，例如： 环境监测——从广泛的样品类型中，包括水、土壤和食物中快速、有效地进行病原体检测：检测病原体污染的食品和环境表面样品，以尽量减少食源性致病菌对公众健康的风险，监测项目中的基础设备监测可对人类和动物健康构成重大风险的病原体或病毒，包括自然产生的病毒，如：流感病毒或有可能被用于生物恐怖主义活动的有机体，如炭疽[新加坡] 这些仪器是用于测量，记录、分析和评估环境样品或对环境的影响 [中]

海关6位税号（2002）	海关6位税号（2007）	海关6位税号（2012）	海关6位税号描述	排除/产品规格详述	附注/环境利益
903149		903149	本章其他税号未列名的测量或检验仪器、器具及机器。其他税号列名的测量或检验光学仪器、器具和机器 [加拿大、日本、新西兰、韩国、中国台湾] 测量或检验仪器、器具及机器，未列名 [美国]。其他光学仪器及器具 其他 [澳] 光栅测量装置（90314920）；其他测量或检验仪器、器具和器具的（90314990）[中]	备选的非全税目项包括：轮廓投影仪、测振仪、手振动仪 [美]	用于测量、记录、分析和评估环境样品或对环境影响的设备 [加、日、新西兰、韩、中国台湾、澳] 轮廓投影仪在许多领域和行业中用于测量和检测工程任务中的高精密复杂零件。用于测量、记录、分析和评估环境样品或对环境影响（即测量振动的仪器）[美国] 这些产品包括测振仪（即测量振动的结构及影响的仪器）评估环境样品或对环境影响 [中国] 这些仪器是用于测量、记录、分析和评估环境样品或对环境影响 [中]
903180	903180	903180	其他仪器、器具及机器。其他仪器、器具及机器，在税号为90.31中未列名 [泰]	备选的非全税目项包括：测振仪；手振动仪 [加、日、新西兰、韩、中国台湾、澳] 用于催化转换器氧气炉操作的氧气测量仪器 [泰]	包括如测振仪（即测量振动及影响该振动的结构及影响该实验室电子显微镜和测试应用程序 [加、日、新西兰、韩、中国台湾] 空气污染监控 [泰]
903190	903190	903190	零件和附件(马)。税号为90.31中所列名的仪器、器具及机器的零件及机器 [加、日、新西兰、韩、中国台湾、澳] 测量或检验仪器、器具及机器的零件和附件，未列名；轮廓投影仪的零件和附件 [美]	备选的非全税目项可能包括：903180x [美、新西兰、澳]	税目号9031中所列的仪器和器具的零附件 [加、日、新西兰、韩、中国台湾、澳] 903110、903120、903149x 的零件 [美] 这些仪器用于测量、记录、分析和评估环境样品或对环境影响 [中]

海关6位税号 (2002)	海关6位税号 (2007)	海关6位税号 (2012)	海关6位税号描述	排除/产品规格详述	附注环境利益
903190	903190	903190	其他测量或检验仪器、器具及机器的零件和附件，未列名；轮廓投影仪的零件和附件 [瑞]。税号90.31 的仪器及器具的零件 (9019000) [中]		
903289	903289	903289	自动调节或控制仪器、其他[加、日、新西兰、韩、澳、俄、文]。自动调节或控制仪器及设备（不包括恒温、恒压器及液压型），未列名 [美]。其他：电动或电子操作设备及其他 [马]	备选的非全税号项目可能包括：定日镜，太阳能锅炉/热水器的温度控制器的温度传感器 [加、日、新西兰、韩、澳]，光传感器（电梯、自动扶梯等），传感器 [文]	包括其他的具有可再生能源应用的自动电压和电流调节仪器、以及其他调度温度、压力、流量、水平和湿度的仪器和设备 [加、日、新西兰、韩、澳]。包括其他具有可再生能源和智能电网应用的自动电压和电流调节器、以及其他调控温度、压力、流量、水平和监测湿度的仪器和设备、用于帮助提升能源效率 [美、文]
903290	903290	903290	零件和附件 [马]。子目号 9032 所列 [加、日、新西兰、韩、中国台湾、澳、俄]。自动调节或控制仪器及设备及零件和附件 [美、澳、俄]		税目 9032 所列的自动调节或控制仪器及设备的零件 [加、日、新西兰、韩、中国台湾、澳]。子目号 9032 所列的零件 [美]
903300	903300	903300	第90章所列机器、器具、仪器或装置用的本章其他税号未列名的零件，附件 [加、日、新西兰、美、中国台湾、澳、俄、新加坡]。子目号 902140、902150 和其他所列仪器的零部件 [马]	CH90 及以上产品的零件，未列名 [美]	这是上述产品的零部件和附件 [加、日、新西兰、中国台湾、澳、马]。第90章所列产品未列名 [美]

资料来源: http://www.apec.org。

表 4-2　环境产品清单分布表①

项目	数目	比重/%	产品举例
空气污染控制	5	9.30	气体过滤或净化机器及设备、除尘器（842139）
固废及危废循环处置	12	22.20	垃圾焚烧炉（841780）
可再生能源	15	27.80	风力发电机组（850231）、太阳能（841919）
废水及饮用水处理	5	9.30	污泥干燥机（841939）、液体过滤或净化设备（842121）
自然风险管理	1	1.90	测量装置（901580）
环境监测及分析设备	15	27.80	用来计量或检查液体或气体的流量或其他变量的仪器（902610）
环境友好产品	1	1.90	其他竹制多层已装拼的地板（441872）
合计	54	100.00	

资料来源：Carlos Kuriyama. The APEC List of Environmental Goods[J]. Policy Brief，2012（5）.

该环境产品清单与之前提出的几个清单相比，有 51 个税号产品与 WTO 的 408 个环境产品清单重合，43 个税号产品与 WTO 的 153 个环境产品清单重合，30 个税号产品在 OECD 环境产品清单中出现过，35 个税号产品在 APEC EVSL 清单中出现过。在 5 个清单中都出现过的产品共有 24 个。3 个税号产品是此次清单中所独有的，分别是：其他竹制多层已装拼的地板（HS441872）；光学设备、仪器及器具，其他未列名（HS901380）；光学设备、仪器及器具的零件及附件，其他未列名（HS901390）。也就是说，此次达成的 APEC 环境产品清单中所包含的产品绝大部分可以在 WTO408、WTO153、OECD 以及 APEC EVSL 清单中找到，但也有少量新出现的产品类别。

4.3　关于 APEC 环境产品清单影响的分析思路和方法

本节按照 APEC 环境产品清单 $\rightarrow$ $\dfrac{\text{降税承诺} \rightarrow \text{税率调整} \rightarrow \text{贸易额及投资成本影响}}{\text{对国内政策影响}}$

---

① 由于同一产品可能涉及多种用途，为了避免重复分类和叠加，因此我们按照产品的主要用途进行分类。

→环保投资、成本和环保产业→环境影响的链状关联及影响逻辑关系，着重分析了清单达成对中国 APEC 产品清单产品关税税率、经济和贸易的影响、环境和政策的影响，并在对清单分析和影响分析的基础上，对我国推动环境产品贸易自由化的战略思路及国内政策调整提出具体政策建议。具体研究路线如图 4-1 所示。

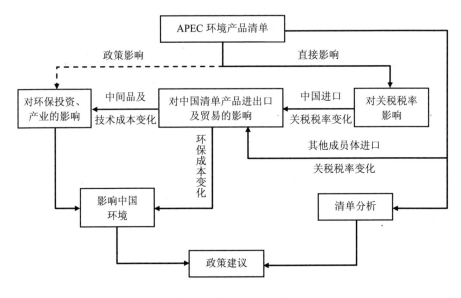

图 4-1　研究技术路线

其中，对于 APEC 环境产品清单达成后中国出口 APEC 成员体将获得关税减免额度及中国对 APEC 其他成员体进口关税减免额度计算公式如下。

4.3.1　中国出口 APEC 成员将获得关税减免额度

$$\Delta T_C = \sum_{i=1}^{54} E_{iC} \times (\overline{t_{iC}} - 5\%), \quad \overline{t_{iC}} = \begin{cases} t_{iC} & t_{iC} > 5\% \\ 5\% & t_{iC} \leqslant 5\% \end{cases}$$

式中，ΔT_C 为中国出口到经济体 C 进口关税减免额度，C 为 APEC 成员经济体，i 为 APEC 环境清单产品，E_{iC} 为中国第 i 种产品出口到经济体 C 的额度，t_{iC} 为经济体 C 对第 i 种产品实施的最惠国进口关税税率。

4.3.2 中国对 APEC 其他成员进口关税减免额度

$$\Delta P = (\cdots,1,\cdots) \times \left(\begin{array}{c} \vdots \\ \Delta p_c \\ \vdots \end{array}\right) = (\cdots,1,\cdots) \times \frac{1}{1+t_n} \times \left[\begin{array}{ccc} \cdots & \cdots & \cdots \\ \vdots & I_{Cn} & \vdots \\ \cdots & \cdots & \cdots \end{array}\right] \times \left(\begin{array}{c} \vdots \\ \overline{\Delta t_n} \\ \vdots \end{array}\right)$$

$$\overline{t_n} = \begin{cases} t_n - 5\% & t_n > 5\% \\ 0\% & t_n \leqslant 5\% \end{cases}$$

式中，ΔP 为中国进口 54 种环境产品因降低关税在 APEC 范围内减少征收的进口关税额度，ΔP_c 是中国从 C 国进口 54 种环境产品因降低关税而减少征收的进口关税额度，I_{Cn} 为中国从 C 国进口 n 产品的额度，t_n 为中国对产品 n 征收的进口关税税率。

4.4 APEC 环境产品清单的影响

2012 年 APEC 环境产品清单的达成及降税将对环境保护、贸易增长、关税降低等都产生重要影响。

4.4.1 APEC 环境产品清单对 APEC 经济体的影响分析

2012 年 APEC 领导人宣言和部长声明中关于环境产品和服务的指示或倡议、APEC 环境产品清单的达成及降税、美国等经济体提交的 APEC 加强环境服务贸易合作的提案等内容将对亚太地区甚至全球的环境、经济贸易、关税降低和非关税壁垒消除产生重要影响。

第一，对关税和非关税壁垒的影响

APEC 环境产品 2015 年前关税降低到 5%或以下，将大幅度降低这些产品的关税，是实现环境产品和服务贸易自由化的重要举措。

从最惠国税率来看，2011 年末 APEC 成员经济体对 APEC 环境产品清单上的产品最惠国的平均税率为 2.47%，低于承诺的 5%的水平。尽管多数产品的平均税率低于 5%，但是仍有部分产品税率较高，几乎接近 10%，仍存在降税的压力。21 个 APEC 经济体中至少有 16 个经济体仍有 1 个税号清单产品的最惠国税率高于 5%；7 个经济体至少有 10 个税号产品最惠国税率高于 5%；4 个经济体仍有至少一半的产品最惠国税率高于 5%；还有 2 个经济体其所有清单上的产品最惠国税率都高于 5%。11 个成员经济体的"工业或实验室电炉及烘箱零件（HS 841919）"产品最惠国税率高于 5%。如图 4-2 所示。

从约束税率来看，目前清单产品平均约束税率为 12%，远高于承诺 5% 的水平，平均约束关税的税率只有很少几种产品低于 5%，绝大部分需要降税。在 54 个 6 位税号环境产品中，仅有 4 个税号产品平均约束税率低于 5%。21 个经济体中，仅有 2 个经济体的约束税率均低于 5%。相反，每种产品的约束税率高于 5% 的成员比例较最惠国税率高于 5% 的成员比例高很多。其中，仅有 3 个 APEC 经济体对太阳能热水器（HS 841919）的约束税率低于 5%，而色谱仪和电泳仪（HS 902720）则有 17 个成员经济体的约束税率低于 5%。在具体类别中，环境监测及分析设备这一类产品的平均约束税率（6.7%）最低，而且与平均最惠国税率（4.7%）差距最小，仅为 2%，其他类别产品的平均约束税率均高于 10%，是承诺税率（5%）的两倍以上。

上述数据表明，尽管 APEC 成员经济体在最惠国税率方面离 2015 年实现环境产品关税降至 5% 及以下的目标并不遥远，但是某些特定的环境产品要实现这一目标在经济层面仍需额外的努力。APEC 成员经济体在达成减税到 5% 及以下的承诺后，都存在进行结构性调整的可能。

第二，对经济贸易的影响分析

消除环境产品和服务的关税和非关税壁垒最直接的影响就是对经济贸易的影响，对环境产品降税而言这些效果是直接和明显的。具体而言，将会刺激经济贸易的大幅增加。

APEC 54 个 6 位税号产品无论是在 APEC 范围内，还是在世界范围内的贸易中都占据重要的地位，2015 年关税降低进一步促进 APEC 经济体及世界范围内的贸易。从总量上看，APEC 54 个 6 位税号产品贸易量显著，2011 年贸易量达到 5 456 亿美元，是 2002 年的三倍多。2011 年出口达到

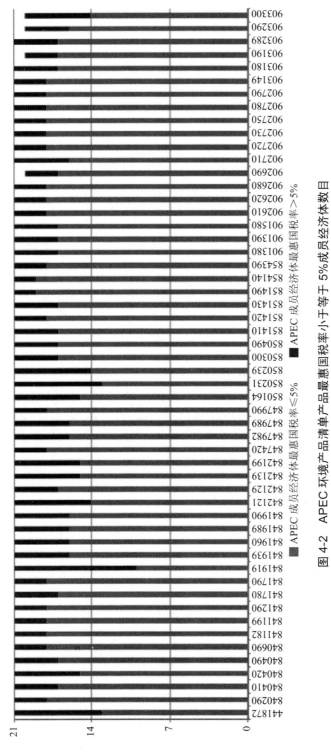

图 4-2 APEC 环境产品清单产品最惠国税率小于等于 5%成员经济体数目

注：由于一些成员经济体未公布某些产品的最惠国从价税率，因此有些产品成员总和不等于 21。

数据来源：WTO。

3 361 亿美元，进口为 3 113 亿美元。2011 年，其在 APEC 成员经济体内的贸易量占了世界贸易量的 60%，达到 2 061 亿美元。从贸易年均增长率看，APEC 54 个 6 位税号产品年均贸易增长率高于其他产品，2002—2011 年 APEC 环境产品清单上的产品贸易年平均增长率为 15.5%，而同期其他产品的贸易年平均增长率为 11.5%。2002—2011 年 APEC 环境产品清单上的产品全球出口贸易增长率为 18.1%，进口增长率为 14.6%，APEC 内部贸易增长率为 15.8%。总而言之，APEC 环境产品清单中的产品贸易总量份额较大，而且增长潜力大，因此，进一步降税后将对贸易增长产生重要影响。APEC 环境产品清单产品贸易情况如图 4-3 所示。

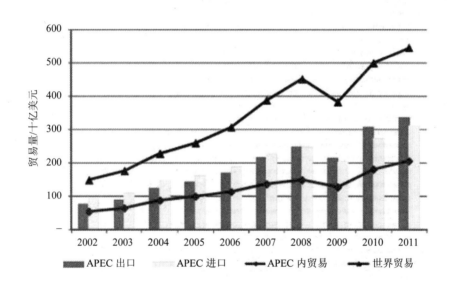

图 4-3　APEC 环境清单产品贸易情况（2002—2011）

数据来源：WITS，Chinese Taipei's Bureau of Foreign Trade.

进一步分析 APEC 环境产品清单贸易流发现，所有类别产品在 2002—2011 年从 APEC 出口到世界以及从世界进口贸易都大幅增加。可再生能源产品和固体危险废物有更高的增长率及最大的贸易流。以可再生能源为例，最大的增长在太阳能产品。太阳能电池（HS 854140）和光学设备或太阳能定日镜（HS 901380）占到该目录下 APEC 贸易增长量的 72%。对于固废危险废物和循环系统管理而言，87%的 APEC 贸易增长来自于放射性废物压实机（HS 847989）和空气增湿器及减湿器零件（HS 847990）。可再生能源、固废管理、环境监测和分析产品三大类贸易 2011 年约占到 APEC 环境产品清单贸易的 90%，详见表4-3。

表4-3　APEC 环境产品清单产品分类贸易表

分类	出口			进口		
	2002	2011	平均增长率/%	2002	2011	平均增长率/%
环境友好产品	0.2	0.4	5.70	0.1	0.4	13.00
大气污染控制	3.7	9.6	11.10	5.2	12.9	10.50
固废及危废处置	18.1	73.7	16.90	23.2	84.7	15.50
可再生能源	32	190.3	21.90	37.2	143	16.10
废水及饮用水处理	5.4	18.7	14.90	6.1	17.6	12.40
自然风险管理	0.7	2.5	15.60	0.8	2.4	13.20
环境监测及分析设备	15.2	40.9	11.70	18.5	50.3	11.80
APEC 合计	75.2	336.1	18.10	91.2	311.3	14.60

资料来源：Carlos Kuriyama. The APEC List of Environmental Goods[J]. Policy Brief，2012（5）.

第三，对环境的影响分析

正如 2012 年 APEC 领导人宣言附件 C 所言，APEC 在寻求区域绿色增长方面发挥重要作用。尽管每个经济体都有自己的环境和贸易政策，但是寻求共同的方法应对环境挑战至关重要。APEC 环境产品清单的达成对区域绿色增长、节能减排等具有积极意义。一是此次达成的 APEC 环境产品清单涵盖 54 个 6 位税号的环境产品，涉及大气治理、污水处理、固废处置、环境监测、可再生能源以及环境友好产品等各个方面。这些产品都是污染治理需要的产品。二是 APEC 环境产品与服务合作将为环境治理提供一种新的实用性途径，也就是说，用贸易和投资途径来便利环境技术获得，进而解决环境问题和实现绿色增长。三是通过降低环境产品的关税，消除环境产品和服务非关税壁垒将帮助 APEC 企业及消费者以较低价格获得重要的环境技术，便利环境技术的扩散和推广，而这些技术将会促进他们的发展，反过来便利环境技术的使用并最终有益于环境。四是降低环境产品关税将直接降低环境投资。据估算，APEC 通过降低关税和其他壁垒，交易成本将降低 5%，2006—2010 年，将达到 590 亿美元。五是在谈判中，剔除对生态环境有危害的产品，避免了环境风险。例如对违反全球环境公约包括消耗臭氧层物质的《蒙特利尔议定书》、控制危险废物越境转移及其处置的《巴塞尔公约》、关于持久性有机污染物的《斯德哥尔摩公约》、关于在国际贸易中对某些危险化学品和农药采用事先知情同意程序的《鹿特丹公约》等贸易产品予以排除。

4.4.2　APEC 环境产品清单对中国的影响分析

同样，APEC 环境产品清单的发布及削减关税的实施也对中国产生一定影响，主要表现在如下方面。

（1）关税影响

目前中国对环境产品关税主要按最惠国税率和普通税率来征收，据统计，中国 APEC 环境产品清单上的产品最惠国税率平均为 5%，而普通税率则平均高达 31%。

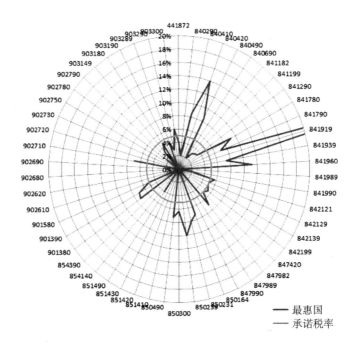

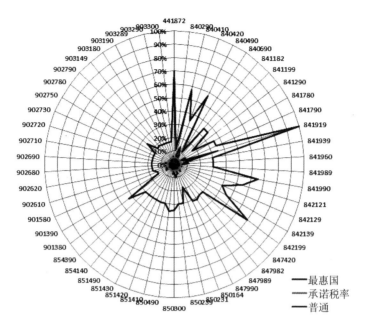

图 4-4　APEC 环境产品清单产品中国普通关税、最惠国关税以及承诺关税

数据来源：WTO 关税数据库。

2012 年中国对 APEC 环境产品清单上的产品实施的进口关税平均税率为 4.57%，但是不同产品之间税率差别很大，54 个六位税号产品中，高于 5%进口关税税率的产品有 21 种，占产品清单的 39%，其中税率最高的产品——"即时/存储水加热器（HS841919）"进口关税税率达到了 39%；进口关税在 0%～5%的产品有 16 种，占产品清单的 30%；17 个税号产品的关税税率为 0%，占清单产品的 31%（见图 4-5）。

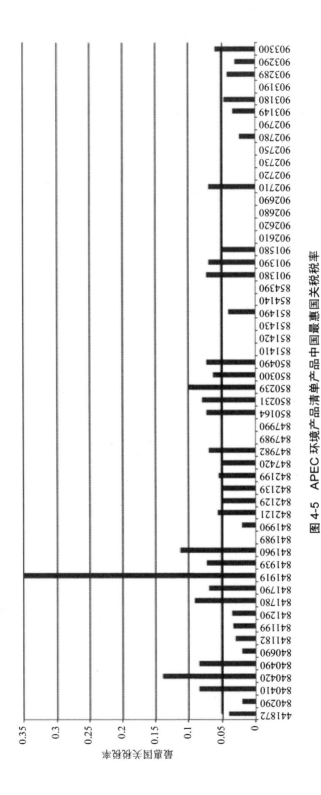

图 4-5　APEC 环境产品清单产品中国最惠国关税税率

数据来源：WTO 关税数据库。

也就是说，尽管中国对环境清单上产品征收的进口关税平均税率已经低于 5%，按照承诺，仍需对 21 种税率高于 5% 的产品降税。即使按照最低承诺情景——高于 5% 的产品进口关税税率降至 5%，中国对清单产品的平均关税税率也需从 4.57% 降至 2.99%；如果按照最高承诺情景——高于 5% 的产品进口关税税率降至 0%，54 种环境产品平均关税税率降至 1.04%。

（2）对贸易的影响

APEC 环境产品清单产品降税对贸易影响很大，主要表现在：

第一，出口额将有较大增长。以 2012 年出口额为例，按照所有经济体环境产品清单产品进口关税税率高于 5% 的均降至 5% 计算，中国将因此减免进口关税总计 8 559.7 万美元，其中韩国对中国的减税幅度最大，达 5 747 万美元（见表 4-4）。如果关税减免以类似出口退税的方式返还给相关企业，根据相关研究[①]，按 2012 年中国出口 APEC 成员经济体额度计算，中国短期出口额将可能增加 3.43 亿美元。

表 4-4　APEC 成员经济体减税后中国出口环境产品清单产品进口关税减免额度

单位：万美元

经济体	减免中国进口关税	经济体	减免中国进口关税	经济体	减免中国进口关税	经济体	减免中国进口关税
韩国	5 747.2	美国	183.7	菲律宾	12.9	日本	0.0
泰国	1 139.7	俄罗斯	166.2	秘鲁	2.8	新西兰	0.0
马来西亚	548.6	智利	131.7	加拿大	0.9	巴布亚新几内亚	0.0
墨西哥	317.0	越南	89.6	澳大利亚	0.0	新加坡	0.0
印度尼西亚	203.6	文莱	15.7	中国香港	0.0	合计	8 559.7

数据来源：作者根据 UNCOMTRADE 数据计算得出。

第二，中国在 APEC 范围内环境产品清单产品出口额与中国 GDP 的变化有较强的正相关关系。从 2008 年以来中国环境产品清单产品出口变化看，2008 年中国在 APEC 范围内出口额度为 282 亿美元，2012 年为 532 亿美元，

[①] 陈勇. 我国出口退税政策的外贸出口效应分析与对策. 西南财经大学，2012.

增长 86%，年增长 17%，远高于同期中国国内 GDP 增幅以及其他产品的贸易增幅（见图 4-6）。

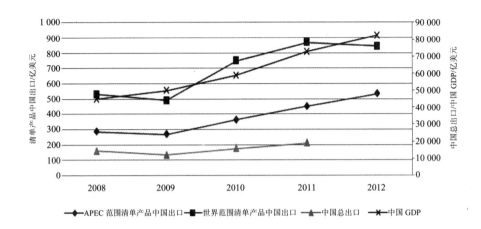

图 4-6　中国环境清单产品 APEC、世界范围内出口以及总出口和 GDP 变化

数据来源：作者计算得出。

第三，涉及中国的贸易额度较大。根据 UNcomtrade①的数据，尽管 APEC 环境产品清单只涉及 54 种产品，但 2012 年中国在全球范围内清单产品贸易额为 1 872 亿美元，占中国全年贸易额的 4.84%；在 APEC 范围内清单产品贸易额为 1 059 亿美元，占中国全年贸易额的 2.74%。

第四，APEC 环境产品清单涉及中国主要贸易伙伴（美、日等）。2008—2012 年，中国环境产品清单产品在 APEC 范围内出口前三位的目的地是中国香港、美国以及日本。其中，出口额度排前三位的产品为：液晶面板，不含其他特殊用途的光学设备、仪器及器具（HS 901380），光敏半导体装置（HS 854140）以及 90.13 章所列零部件（HS 901390）。将 2008—2012 年中国出口到 APEC 区域内环境产品清单上产品按平均出口额大小做出中国环境产品 APEC 范围内出口百分比图，如图 4-7 所示。

---

① 根据 UNcomtrade 的数据进行统计所指的 APEC 内部未包含中国台湾。

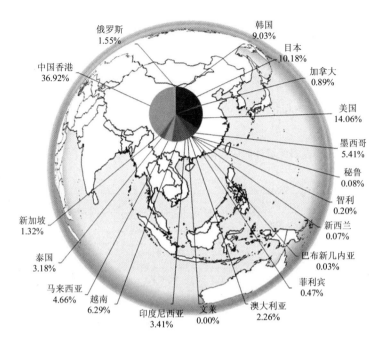

图 4-7　2008—2012 年中国环境产品清单产品 APEC 范围出口平均百分比

数据来源：作者计算得出。

（3）对环境的影响

APEC 环境产品清单制定及降税对环境利好，主要表现在：

第一，APEC 环境产品清单产品符合污染治理要求和环境保护需求。尽管 APEC 环境产品清单是一个贸易领域用于降税的清单，但是从 6 位税号产品来看，该清单上的 54 种环境产品涉及污染末端治理、环境监测、风险管理以及环境监测分析等，均与污染防治、改善环境质量有关。例如：该清单上用于大气污染治理的产品与中国未来重点支持发展的环保产品高度重合，包括"除尘器滤料"、"高频电源"等，将满足中国未来环境保护重点领域的一定需求。

第二，因 APEC 环境产品清单产品关税降低，中国将减少环境产品进口成本 9.6 亿美元（见表 4-5）。2008—2012 年，中国在 APEC 范围内对清单产品的进口额度从 378 亿美元增长到 528 亿美元，年均增幅 9%。如果进口关税下调，中国进口 APEC 环境产品清单产品的成本将下降，也会对中

国环保投资造成影响。以 2012 年中国进口额进行计算，如果中国将 APEC
环境产品清单上进口关税高于 5%的产品降至 5%，进口成本将减少 9.6 亿
美元。如果将节省的进口关税用于环保投资，根据投资的乘数效应，环保
新增投资将远大于 9.6 亿美元。

表 4-5　APEC 成员经济体因中国减税后出口环境产品清单产品关税减免额度

单位：万美元

经济体	减免关税	经济体	减免关税	经济体	减免关税	经济体	减免关税
韩国	65 257	马来西亚	526	越南	90	智利	0
日本	24 517	加拿大	236	澳大利亚	63	巴布亚新几内亚	0
美国	3 221	中国香港	227	俄罗斯	49	秘鲁	0
泰国	737	菲律宾	222	印度尼西亚	35	文莱	0
新加坡	648	墨西哥	166	新西兰	5		

数据来源：作者根据 UNCOMTRADE 数据计算得出。

第三，有利于先进环境技术引进。目前大多数环境产品的约束税率高
于 10%。通过降低进口关税，实现贸易自由化，消费者将以更加低廉的价
格获取这些产品和技术，有利于应对和处理环境问题。另外，APEC 环境产
品清单产品大部分属于上游产品，上游产品成本降低，将会产生联动作用，
有效推动下游产业发展。这些对于提升未来中国环境质量有重要作用。

此外，对 APEC 环境产品清单产品实施降税，将实质性降低或消除关
税壁垒，有助于中国环保产业"走出去"战略实施。

5 APEC 环境服务贸易自由化分析

环境服务是 APEC 服务贸易自由化的重要内容。APEC 通过集体行动计划、各经济体的 IAP 等推进环境服务贸易自由化，并积极支持其他机制下的服务贸易自由化。

5.1 全球环境服务贸易自由化

5.1.1 环境服务贸易模式

环境服务贸易同其他服务贸易的贸易方式相同，主要是通过跨境交付、境外消费、商业存在和自然人移动四种模式进行。其中，最主要的限制来自于商业存在和自然人移动。

（1）跨境交付

跨境交付主要指从一成员的领土上进入任何其他成员的领土提供服务，它类似于传统意义上的货物贸易，即交付产品时，消费者和供应商依然留在各自领土上。环境服务一般要求现场提供，但也有少量通过跨界供应提供。例如，环境服务可以通过传真、电话、信件、电子邮件等方式将有关环境服务的咨询信息、设计方案或图纸等内容传递。环境服务跨界供应提供方式的主要壁垒是规制措施，如要求被提供的服务是由当地注册的服务供应者所提供；以及要求服务提供者跨界供应的服务必须建立在有商业存在的基础上。

（2）境外消费

境外消费主要指从一成员的领土向任何其他成员的服务消费者提供服务。消费者之所以旅行到服务提供方去消费环境服务是因为特定的服务产品与本地相比，即使把旅行费用考虑在内，仍然具有品质差异性或者成本更低的优势。这些优势与跨境交付一样，这也是一种简单的服务贸易形式，涉及的问题较少。

（3）商业存在

商业存在主要指由一成员的服务供应商通过在任何其他成员领土中的商业存在方式提供服务，即通过在另一个成员设立分支机构、参股、控股的形式参与环境服务市场活动。根据《服务贸易总协定》的规则，"供应某种服务"包括生产、经销、营销、销售和交付。在境外某一市场的商业存在不仅包括严格法律意义上的法人，而且也包括具有相同特征的法律实体，例如代表处和分支机构。商业存在是最重要的一种服务贸易形式，其往往与对外直接投资联系在一起，它涉及的问题较多，不仅涉及服务者的跨越国界，还涉及另一经济体的国内政策问题。

商业存在的限制包括三个方面：一是外商投资许可；二是企业的法律形式；三是员工的国籍要求。

（4）自然人移动

自然人移动主要指由一成员的服务供应商通过在任何其他成员领土中一个成员的自然人存在方式提供服务，其本质是人可以通过其本身所具有的专长和技能，通过自身把"服务"带到消费者所在地，通过和消费者的直接接触和沟通，完成消费的过程。

这种形式一般与商业存在相互联系而存在，有时也会单独存在。例如，进行环境咨询服务人员必须通过当地的专业资格考试，而且必须参加当地的额外培训。

5.1.2　全球环境服务贸易自由化现状

截至 2016 年 7 月 29 日，WTO 共有 164 个成员，其中 82 个成员对环境服务中的至少一个部门做出市场开放承诺，占 WTO 成员总数的 50%。在环境服务 7 个分部门中，做出承诺成员数最多的是污水处理服务（CPC 9401）、垃圾处置服务（CPC 9402）以及卫生和类似服务（CPC 9403），在82 个成员中均有 72 个做出了承诺，占比为 87.8%；最少的是其他环境服务中的消除噪声服务（CPC 9405），有 55 个成员做出了相应承诺，占比为 67%。其他分行业部门做出承诺的成员数目分别为：废气清洁服务（CPC 9404）有 67 个成员做出承诺，自然和景观保护服务（CPC 9406）有 63 个成员做出承诺，其他环境保护服务（CPC 9409）则有 57 个成员做出承诺。总体来看，污水处理服务、垃圾处置服务以及卫生和类似服务三个分行业全球市场开放承诺幅度较大，而其他环境服务承诺幅度较小，其包含的四类分行业部门的承诺幅度均没有前面三个分部门承诺幅度高（见表 5-1）。

表 5-1 WTO 成员环境服务承诺（82 个成员）

序号	成员	污水处理服务	垃圾处置服务	卫生和类似服务	其他环境服务			
					废气清洁服务	消除噪声服务	自然与景观保护服务	其他环境保护服务
1	阿尔巴尼亚	×	×	×	×	×		
2	亚美尼亚	×	×	×	×	×	×	
3	澳大利亚	×	×	×				
4	奥地利	×	×	×	×	×	×	×
5	比利时	×	×	×	×		×	×
6	保加利亚	×	×	×	×	×	×	×
7	柬埔寨	×	×	×	×	×	×	×
8	加拿大	×	×	×	×	×	×	×
9	佛得角	×	×	×	×	×	×	×
10	中非							×
11	中国	×	×	×	×		×	
12	哥伦比亚						×	×
13	克罗地亚	×	×	×	×	×	×	×
14	捷克	×	×	×			×	×
15	丹麦	×	×	×	×	×	×	×
16	厄瓜多尔	×	×	×	×	×	×	×
17	萨尔瓦多				×	×	×	×
18	爱沙尼亚	×	×	×	×	×	×	×

序号	成员	污水处理服务	垃圾处置服务	卫生和类似服务	其他环境服务			
					废气清洁服务	消除噪声服务	自然与景观保护服务	其他环境保护服务
19	欧盟	×	×	×	×		×	×
20	芬兰		×		×	×	×	×
21	法国①	×	×	×	×		×	×
22	冈比亚	×		×				
23	格鲁吉亚	×	×	×	×	×	×	×
24	德国	×	×	×	×		×	×
25	希腊	×	×	×	×		×	×
26	几内亚	×		×				
27	匈牙利		×	×				
28	冰岛	×	×	×	×		×	×
29	爱尔兰	×	×	×	×		×	×
30	以色列	×	×	×	×	×		
31	意大利	×	×	×	×		×	
32	日本	×	×	×	×	×	×	
33	约旦			×	×	×		
34	哈萨克斯坦	×	×	×	×	×	×	×
35	韩国	×	×		×	×	×	
36	科威特	×	×	×				
37	吉尔吉斯斯坦	×	×	×	×	×	×	×
38	老挝	×	×	×	×	×	×	
39	拉脱维亚	×	×	×	×	×	×	×
40	立陶宛	×	×	×	×	×	×	×
41	莱索托	×	×	×	×	×	×	×
42	列支敦士登	×	×	×	×	×	×	×
43	卢森堡	×	×	×	×		×	×
44	摩尔多瓦	×	×	×	×	×	×	×
45	黑山	×	×	×	×	×	×	×
46	摩洛哥	×	×	×	×	×	×	×
47	尼泊尔	×	×	×				
48	荷兰	×	×	×	×		×	×
49	挪威	×	×	×	×	×	×	×
50	阿曼	×	×	×	×	×	×	×
51	巴拿马				×	×	×	

① 法属新喀里多尼亚仅对工业和生活垃圾处理服务作出承诺。

序号	成员	污水处理服务	垃圾处置服务	卫生和类似服务	其他环境服务			
					废气清洁服务	消除噪声服务	自然与景观保护服务	其他环境保护服务
52	波兰				×	×		
53	葡萄牙	×	×	×	×		×	×
54	卡塔尔	×	×	×	×	×	×	×
55	罗马尼亚				×	×	×	×
56	俄罗斯	×	×	×	×	×	×	×
57	卢旺达			×				
58	萨摩亚	×	×	×	×	×	×	
59	沙特阿拉伯	×	×	×	×	×		
60	塞舌尔	×	×	×			×	
61	塞拉利昂	×	×	×	×		×	
62	斯洛伐克	×	×	×				
63	斯洛文尼亚	×	×	×			×	
64	南非	×	×	×	×	×	×	
65	西班牙	×	×	×	×		×	×
66	瑞典	×	×	×	×	×	×	
67	瑞士	×	×	×	×	×	×	×
68	中国台湾	×	×	×	×	×	×	×
69	塔吉克斯坦	×	×	×	×	×	×	×
70	泰国	×	×	×	×	×	×	×
71	马其顿	×	×	×	×	×	×	
72	汤加	×	×	×	×	×	×	
73	土耳其	×	×	×				
74	乌克兰	×	×	×	×	×	×	×
75	阿拉伯联合王国	×	×	×	×	×	×	×
76	美国	×	×	×	×	×	×	×
77	瓦努阿图	×	×	×				
78	越南	×	×		×	×		×
79	也门	×	×	×	×	×	×	
80	阿富汗	×	×	×	×	×	×	×
81	利比里亚	×	×	×	×	×	×	×
82	英国	×	×	×	×		×	×
	总计	72	72	72	67	55	63	57

资料来源：作者根据 WTO 秘书处资料（S/C/W/46）及 WTO 成员服务承诺减让表整理。

2005 年以来，新加入 WTO 的成员方中共有 16 个做出了环境服务出价承诺，主要包括沙特阿拉伯（2005 年），汤加、越南（2007 年），佛得角、乌克兰（2008 年），黑山、俄罗斯、萨摩亚、瓦努阿图（2012 年），老挝、塔吉克斯坦（2013 年），也门（2014 年），哈萨克斯坦、塞舌尔（2015 年），阿富汗、利比里亚（2016 年）。从分部门来看，做出服务承诺最多的是污水处理服务（CPC 9401）及垃圾处置服务（CPC 9402），16 个成员全部做出了市场开放承诺，做出承诺最少的是其他环境保护服务（CPC 9409），占比为 68.7%。其他环境服务部门作出承诺的成员方数量分别为：卫生和类似服务（CPC9403）以及废气清洁服务（CPC9404）均为 14 个，占比为 87.5%；消除噪声服务（CPC 9405）为 15 个，占比为 93.8%；自然和景观保护服务（CPC 9406）为 12 个，占比为 75%。WTO 成员方环境服务市场开放程度不断深化。

5.2　APEC 环境服务贸易自由化

多年来，APEC 通过集体行动计划、各经济体的 IAP 等积极推进服务贸易自由化及便利化，取得了积极成效。

以 APEC 所执行项目为例，2006—2015 年，APEC 共实施了 1 109 个项目，其中与服务相关的项目是 588 个，占比为 53%。其中，33%与服务相关的项目是由贸易与投资委员会以及相关工作组开展的；8%的项目是由经济委员会以及相关工作组开展的；59%是由高管会经济技术合作指导委员会及相关工作组开展的[①]。

环境服务是 APEC 服务部门之一，推进环境服务贸易自由化是 APEC 的重要内容。近年来，环境服务贸易自由化得到重视，并为此积极开展了多项行动及活动。

---

① APEC. Report on APEC Work on Service and Baseline Indicators[DB/OL]. http://publications.apec. org/publication-detail php? pub_id=1688.

（1）APEC 推进环境服务贸易自由化及便利化的集体行动及活动

APEC 为推进环境产品和服务贸易自由化及便利化提出了一系列合作倡议，为落实相关倡议，APEC 开展了一系列集体行动及相关活动。根据资料的可获得性，对 1999—2015 年 APEC 所采取的集体行动计划以及开展的活动进行梳理（见表 5-2），得出以下结论：

一是活动形式多样。APEC 采取多种措施积极推进环境服务贸易自由化，包括：举办环境服务机遇和挑战研讨会、进行环境市场调查、开展环境产品及服务信息交流共享系统建设、能力建设、案例研究以及发布相关倡议。

二是涉及环境服务内容丰富。为进一步推进贸易自由化和便利化，消除环境服务贸易壁垒，APEC 开展了相关研究及分析，主要包括环境服务市场准入方面的关税及非关税壁垒、经济体内部环境服务发展状况及前景、环境服务贸易自由化成本效益分析、规制影响、环境服务技术市场等方面。

三是注重实现与 WTO 以及自由贸易协定（FTA）等多、双边机制之间的衔接与相互支持。APEC 在实现组织内经济体之间环境服务贸易自由化的同时，积极关注 WTO 环境服务贸易自由化的相关工作，并为推进 WTO 服务贸易自由化进程提供支持；在区域贸易协定及 FTA 方面，APEC 在 2006年完成区域贸易协定/自由贸易协定（RTAs/FTA）示范措施服务章节。

四是以贸易投资委员会为主，多个工作组共同参与。APEC 推进环境服务贸易自由化、便利化的活动主要由贸易与投资委员会主导，委员会下的服务工作组、市场准入工作组、投资专家委员会、标准及规则次级委员会以及经济和技术合作委员会下的能源工作组等多个小组共同参与完成。

五是服务贸易自由化工作由分散逐步走向系统，工作机制不断完善。以《环境产品与服务工作计划》的发布为起点，APEC 环境服务贸易自由化工作由各小组分散开展逐步整合为以贸易与投资委员会为主导、各小组联合参与完成，APEC 服务贸易自由化工作机制逐渐完善。

表 5-2　APEC 在环境服务贸易自由化方面开展的活动及集体行动

时间	开展项目、活动/集体行动	项目描述/实施步骤	实施部门
1999—2000 年	APEC 环境市场调查	评估 APEC 经济体环境产品和服务市场状况和前景	
	开展东南亚金融危机对 APEC 经济体环境产品和服务贸易自由化的影响研究	主要开展金融危机对 APEC 经济体环境产品和服务发展的对策以及促进区域合作的相关建议	
	识别影响服务贸易和投资的措施	由经济体自愿提交物流服务和环境服务的"服务制度理想模式"（最佳实践）	
	关注，并在适当的可能情况下，积极推进 WTO 服务相关工作	关注 WTO 环境服务方面工作	
2001 年	识别 APEC 与服务贸易相关的工作项目，并将其作为 WTO 服务贸易委员会及其附属机构服务贸易工作的参考	关注 WTO 环境服务方面工作	
2002 年	开始环境服务贸易自由化研究工作	开始环境服务贸易自由化研究工作以及服务贸易自由化成本效益研究	服务工作组
2003 年	环境服务贸易自由化措施影响研究	开展环境服务贸易自由化和便利化措施对 APEC 经济体的影响研究	服务工作组
2004 年	环境服务贸易自由化相关研究	完成 APEC 经济体实现环境服务贸易自由化的措施对 APEC 经济体的影响研究	服务工作组
	识别 APEC 中与服务相关的工作项目，并将其作为 WTO 服务贸易委员会及其附属机构服务贸易工作的参考	关注 WTO 环境服务方面工作	
2005 年	APEC 经济体环境服务贸易自由化和便利化措施影响研究评估	完成对 APEC 经济体环境服务贸易自由化和便利化措施的影响研究的评估	服务工作组
2006 年	增强对服务贸易自由化影响的理解	完成 RTA/FTA 示范措施实施服务章节	

时间	开展项目、活动/集体行动	项目描述/实施步骤	实施部门
2007年	开展相关讨论	开展了关于能力建设、服务贸易统计质量以及"不太常见的服务部门"（如环境服务、能源服务和港口服务）等的讨论	服务工作组
	规则事项对服务部门影响研究	开展了旨在提高对规则事项对服务部门影响的认识方面的工作，2008年讨论的部门主要包括：教育服务、能源服务、环境服务、法律服务以及健康服务	服务工作组
2008年	举办研讨会	成功举办了旨在提高对环境产品和服务以及电子产业市场认识的信息能力建设研讨会	市场准入工作组
	提供技术支持	为环境产品和服务工作计划框架提供技术支持	市场准入工作组
	提出启动环境产品和服务工作计划框架提案	工作计划提出的主要目的是推进APEC环境产品和服务部门的发展，次要目的是将分散在APEC各个工作组的与环境产品和服务相关的工作作形成一个连贯的整体的框架。工作框架主要运用基本的环境产品和服务价值链作为一个框架来解决环境产品和服务的所有方面，主要包括四个主要的方面：研发、供给、贸易以及需求	由贸易易与投资委员会统筹、市场准入、投资专家、服务工作组、标准和规则次级组委员会、能源以及其他APEC工作组参与
2009年	环境产品和服务（气候变化方面）研讨会	增强对与气候变化相关的环境产品和服务贸易自由化机遇的认识	市场准入工作组
	APEC环境服务贸易自由化调查	便利环境服务贸易自由化相关的信息交流	服务工作组
	环境产品和服务研讨会	增强对环境产品和服务在经济发展中角色及相关性认识以及对实现更高的能源节约和效率的认识	市场准入工作组
	通过网络以及开展相关研究发展信息共享系统	发展环境产品和服务信息交流（EGSIE）	
2010年	发布APEC《环境产品与服务工作计划》	● 发展并维护环境产品和服务信息交换； ● 不断更新APEC论坛在环境产品和服务工作计划中承担的相关倡议	
	通过网络共同努力推进环境产品和服务论坛共享系统，以及开展其他相关产品和服务项目		

时间	开展项目、活动、集体行动	项目描述/实施步骤	实施部门
2011 年	通过网络发展信息共享系统，与其他相关论坛、共同努力推进环境产品和服务项目	鼓励成员经济体更新包括国内规制信息在内的环境产品和服务的信息交流，以便为私人部门提供有益资源	
	审查环境产品和服务案例研究	马来西亚和墨西哥的案例研究已经结束，智利和越南的案例研究正在开展	
	发布《环境产品与服务领域的贸易和投资》		服务工作组
2012 年	识别影响服务部门贸易与投资的措施	成员经济体自愿提交相关方面论文及研究，并研究最佳实践案例	服务工作组
	环境服务技术市场	正在开展相关项目以便更好地明确环境服务技术市场准入及鼓励更高水平的贸易自由化和投资	
2013 年	增强对环境服务市场准入的认识	提高对环境服务以及减缓气候变化的服务市场准入的认识	
	识别影响所有服务部门贸易与投资的措施	提高对每一个服务部门相关的贸易与投资事项的认识，完成环境服务相关技术市场的最终报告，鼓励更高的贸易与投资水平	
2014 年	讨论并推进环境服务贸易自由化及便利化倡议	该倡议旨在推进环境服务贸易自由化。由服务工作组审议了 2011 年檀香山领导人宣言的附件 C-《环境产品与服务领域的贸易和投资》行动的进展，以及 APEC 经济体影响环境服务的贸易措施的识别和促进环境服务发展的最佳实践案例	由贸易与投资委员会通过，与服务工作组联合实施
	开展研讨会	以 "21 世纪的环境服务：挑战和机遇" 为主题，开展了为期两天的研讨会	服务工作组
2015 年	通过环境服务贸易自由化和便利化行动计划	将 2016—2020 年划分为三个阶段，明确每个阶段环境服务贸易自由化内容	
	举办了第二届环境产品和服务公私对话	讨论了 APEC 区域包括标准和采购在内的环境产品和服务贸易非关税壁垒，参会者分享了在消减非关税壁垒方面影响的最佳实践	

资料来源：根据 APEC 相关资料整理而成。http://publications.apec.org/index.php? m=a&cat_id=9.

（2）APEC 环境服务行动计划（简称"ESAP"）

APEC 环境产品清单达成之后，环境服务领域贸易自由化成为 APEC 高度关注的重要内容之一。为积极推动环境服务贸易自由化、便利化以及加强环境服务领域合作，在澳大利亚、中国、新西兰以及美国支持下，日本提出了"环境服务贸易自由化和便利化倡议书"，倡议书主要就 APEC 在 2014—2015 年环境服务贸易自由化工作作出安排，重点关注两方面内容：一是关于环境服务范畴的讨论；二是对影响环境服务贸易的壁垒措施进行研究。APEC 对此高度重视，2014 年 APEC 领导人宣言提出"我们高度肯定 APEC 在服务贸易和投资方面所开展的工作，例如服务行动计划、APEC 跨境服务贸易原则、服务贸易市场需求数据库等。我们也承认制造业相关服务行动计划、环境产品和服务工作计划、环境服务行动计划以及 APEC 环境产品和服务公司合作伙伴关系的建立对 APEC 现有服务工作的重要贡献"；2014 年联合部长声明提出"我们欢迎并支持启动环境服务贸易自由化、便利化及相关合作，并指示我们的官员在 2015 年的下一次 APEC 部长会议上制订相关实施计划"。

2015 年 9 月，在 APEC 高官会上，日本提出了"环境服务行动计划"，行动计划是对"环境服务贸易自由化和便利化倡议书"的进一步细化，具体表现在：一是明确将行动计划的期间（2016—2020 年）划分为三个阶段，并明确提出了每一个阶段具体的行动计划内容；二是明确以 CPC94 分类为基准，开展 APEC 经济体监管规则和政策措施的调查；三是定期对每一阶段进展进行回顾，并形成进一步行动计划。

专栏 5-1　APEC 环境服务行动计划

1. 背景

● 环境产品和服务贸易自由化、便利化及合作是 APEC 高度关注的问题。例如，2009 年领导人宣言提出"《APEC 环境产品与服务工作计划》是推动 APEC 可持续增长计划的重要动力。根据这一计划，我们将推动和实施一系列务实行动，促进本地区可持续增长，扩大应用和推广环境产品与服务，降低环境产品与服务的贸易、投资壁垒，避免设置新的壁垒，并增强各经济体发展环境产品与服务的能力。"

- 2010 年 APEC 领导人宣言指出："我们将加强环境产品和服务的传播和利用，减少现有壁垒，抑制环境产品和服务贸易与投资的新壁垒，并且通过优先解决有关环境产品、技术和服务的非关税措施，来加强我们在这个领域的能力"（横滨宣言）。领导人同意进一步采取措施推进夏威夷宣言附件 C 中环境产品和服务的贸易与投资。

- 在 2014 年 11 月的 APEC 部长联合声明中，部长们指出其"欢迎并支持启动环境服务贸易自由化、便利化工作以及相关合作，并指示官员在 2015 年的 APEC 部长会议上制订相关实施计划。"（第 27 段）。

- 在此背景下，APEC 经济体同意环境服务行动计划（ESAP）。

2. 一般方法

- "环境服务行动计划"采取双轨措施：首先，重点开展一项关于 CPC94 项下环境服务的调查。此调查旨在为 APEC 经济体提供必要的信息，以便对环境服务的有效监管和贸易促进措施获得更深层次的认识；

- 其次，APEC 经济体将继续考察和研究更广泛意义上的环境服务产业/企业，以建立和强化对服务在这些产业/企业中的角色的共识。预计该研究将有益于环境服务范畴的讨论以及明确环境产业发展所面临的挑战。

3. 2016—2020 年主要行动

（阶段 1：2016 年）

- 结合 CPC94 环境服务分类，开展 APEC 经济体监管规则及政策措施调查，主要包括影响跨境服务供给的措施、影响商业存在或所有权的措施、许可证相关措施、自然人移动相关措施、贸易自由化优惠措施以及监督管理过程和实施，主要由 APEC 政策支持部门承担；在可能的情况下，可以将调查结果纳入服务贸易需求数据库。

- 开展一项研究，以便建立和强化对于更广泛意义上的环境服务产业/企业的共识，该项工作也可以由 APEC 政策支持部门承担（例如，存在哪些服务类型，服务如何运行以及如何对可持续发展和绿色增长发挥作用，环境产业/企业市场的潜在挑战有哪些，如水务、回收业务、能源绩效以及可再生能源业务）。

（阶段 2：2017 年）

● 回顾阶段 1 的进展，明确主要挑战，形成一系列建议行动议程以解决主要挑战从而有益于促进环境服务贸易自由化、便利化以及合作。在阶段 2，也将参考对阶段 1 进展的回顾，讨论环境服务的范畴。

（阶段 3：2018—2020 年）

● 从实际案例中收集及分享与建议行动相关的良好实践，以作为促进环境服务贸易自由化、便利化及合作的重要方式。该项工作可以通过与 APEC 服务合作框架下的公私对话机制以及环境产品和服务公私合作机制协同实现。

● 开展对行动计划实施的最终审查，回顾阶段 1 和阶段 2 的进展，总结整个方案，并考虑到 2020 年底之前的进一步必要的行动。

4. 动态文件

● 结合 APEC 政策支持部门的调查及研究结果，环境服务行动计划将会做出必要调整。在服务工作组的支持下，贸易与投资委员会将会对实施过程进行回顾。

资料来源：APEC，Environmental Service Action Plan [DB/OL]. http：//mddb. apec.org/Documents/2015/SOM/SOM3/15_som3_021anx04.pdf.

5.3 APEC 经济体环境服务贸易自由化

5.3.1 APEC 经济体在 WTO 中的环境服务开放承诺

APEC 现有 21 个经济体均为 WTO 成员，有 10 个经济体在 WTO 中做出了环境服务市场开放承诺，占 APEC 经济体总数的 48%，分别为澳大利亚、加拿大、中国、中国台湾、日本、韩国、俄罗斯、泰国、美国、越南。

在各经济体开放部门方面，加拿大、中国、中国台湾、日本、俄罗斯、泰国、美国共 7 个经济体对以 W/120 分类表示的、与 CPC（暂定版）相对应的所有环境服务部门做出了市场开放承诺。在具体内容方面，中国台湾将自然和景观保护服务限定在自然和景观保护相关咨询服务；俄罗斯将放射性废物/污染的治理服务排除在外，其他环境保护服务（CPC9409）限定为环境影响评价服务；泰国污水处理服务主要包括工业废水处理系统，废物处理服务主要包括危险废物管理和焚化炉，废气清洁服务主要包括工业排放治理；美国污水处理服务和废物处置服务主要指由私营企业承包的服务。此外，在部分开放的经济体中，澳大利亚没有开放废气清洁服务、消除噪声服务、自然和景观保护服务以及其他环境保护服务；韩国所开放的污水处理服务以及废物处置服务仅限于工业废水以及工业废物的收集、运输和处置服务，其他环境服务仅限于废气清洁服务、消除噪声服务以及环境影响评价服务；越南尚未开放自然和景观保护服务，其他环境保护服务（CPC9409）仅限环境影响评价服务。

市场准入方面，对于模式一跨境交付，除加拿大、泰国、美国对所开放的环境服务部门不作限制外，其他 APEC 经济体均有所限制：一是全部限制，不作承诺，如澳大利亚、日本由于缺乏技术可行性，不作承诺；二是部分承诺，如中国在环境咨询服务，中国台湾在自然和景观保护相关咨询服务，韩国在废气清洁、消除噪声以及环境监测和评估服务，俄罗斯在环境影响评价服务、环境咨询服务，越南在环境咨询服务方面做出承诺。模式二境外消费方面，所有 APEC 经济体均不作限制。模式三商业存在方面，日本在废物处置服务（CPC9402）中授予服务供应商的处理海上船只废油的许可证数量是有限的；韩国工业污水收集和处理服务仅限定 25 个服务供应商，工业废物的收集、运输和处置服务需经评审获得开展业务的权利；俄罗斯危险废物处置服务只允许由俄罗斯企业进行；越南要求在协议生效的 4 年内，外商最高比例为 51%，其后没有限制。模式四自然人移动方面，均除水平承诺内容外，不作其他承诺。

国民待遇方面，对于模式一跨境交付，澳大利亚、日本由于缺乏技术可行性不作承诺，俄罗斯只承诺环境影响评价服务和环境咨询服务，越南在污水处理、废气清洁、消除噪声和环境影响评价方面仅承诺环境咨询服务，其他经济体均没有限制；模式四自然人移动与水平承诺内容保持一致；模式二及模式三均没有限制。

具体的市场开放承诺见表 5-3。

5 APEC环境服务贸易自由化分析 | 109

表 5-3　APEC 经济体 WTO 环境服务市场开放承诺

经济体	部门或分部门	市场准入限制	国民待遇限制	其他承诺
澳大利亚	A. 污水处理服务（CPC9401） B. 废物处置服务（CPC9402） C. 卫生及类似服务（CPC9403）	1）由于缺乏技术不可行性，不作承诺 2）没有限制 3）没有限制 4）除水平承诺中的内容外，不作其他承诺	1）由于缺乏技术可行性，不作承诺 2）没有限制 3）没有限制 4）除水平承诺中的内容外，不作其他承诺	
加拿大	A. 污水处理服务（CPC9401） B. 废物处置服务（CPC9402） C. 卫生及类似服务（CPC9403） D. 其他环境服务 -废气清洁服务（CPC9404） -消除噪声服务（CPC9405） -自然和景观保护服务（CPC9406） -其他环境保护服务（CPC9409）	1）没有限制 2）没有限制 3）没有限制 4）除水平承诺中的内容外，不作其他承诺	1）没有限制 2）没有限制 3）没有限制 4）除水平承诺中的内容外，不作其他承诺	
中国（不包括环境质量监测和污染源检查）	A. 污水处理服务（CPC9401） B. 废物处置服务（CPC9402） C. 废气清洁服务（CPC9404） D. 消除噪声服务（CPC9405） 废气的清洁服务（CPC9404） E. 自然和景观保护服务（CPC9406） F. 其他环境保护服务（CPC9409） G. 卫生及类似服务（CPC9403）	1）除了环境咨询服务外，不作承诺 2）没有限制 3）合资企业，允许外资拥有多数股权。允许设立外商独资企业 4）除水平承诺中的内容外，不作其他承诺	1）没有限制 2）没有限制 3）没有限制 4）除水平承诺中的内容外，不作其他承诺	

经济体	部门或分部门	市场准入限制	国民待遇限制	其他承诺
中国台湾	A. 污水处理服务（CPC9401）、废物处置服务（CPC9402）、卫生及类似服务（CPC9403）、其他（CPC9404、9405、9409）	1) 由于缺乏技术可行性，不作承诺 2) 没有限制 3) 没有限制 4) 除水平承诺中的内容外，不作其他承诺	1) 没有限制 2) 没有限制 3) 没有限制 4) 除水平承诺中的内容外，不作其他承诺	
	B. 自然和景观保护的相关咨询服务（CPC9406**）	1) 没有限制 2) 没有限制 3) 没有限制 4) 除水平承诺中的内容外，不作其他承诺	1) 没有限制 2) 没有限制 3) 没有限制 4) 除水平承诺中的内容外，不作其他承诺	
日本	A. 污水处理服务（CPC9401） C. 卫生及类似服务（CPC9403） D. 其他环境服务 -废气的清洁服务（CPC9404） -消除噪声服务（CPC9405） -自然和景观保护服务（CPC9406） -其他环境保护服务（CPC9409）	1) 不作承诺（缺乏技术可行性） 2) 没有限制 3) 没有限制 4) 除水平承诺中的内容外，不作其他承诺	1) 不作承诺（缺乏技术可行性） 2) 没有限制 3) 除水平承诺中的内容外，没有限制 4) 除水平承诺中的内容外，不作其他承诺	
	B. 废物处置服务（CPC9402）	1) 不作承诺（缺乏技术可行性） 2) 没有限制 3) 授予服务供应商的处理海上船只废油的许可证数量可能是有限的 4) 除水平承诺中的内容外，不作其他承诺	1) 不作承诺（缺乏技术可行性） 2) 没有限制 3) 除水平承诺中的内容外，没有限制 4) 除水平承诺中的内容外，不作其他承诺	

经济体	部门或分部门	市场准入限制	国民待遇限制	其他承诺
韩国	A. 污水处理服务（只包括 CPC9401 下的工业废水的收集和处理服务）	1) 不作承诺 2) 没有限制 3) 服务供应商数量有限定（25 个） 4) 除水平承诺中的内容外，不作其他承诺	1) 没有限制 2) 没有限制 3) 没有限制 4) 除水平承诺中的内容外，不作其他承诺	
	B. 废物处置服务（工业废物处置服务）（只包含 CPC9402 中的工业垃圾收集、运输和处置服务）	1) 不作承诺 2) 没有限制 3) 商业存在的建立必须受制于经济需求测试。 只包括垃圾收集和运输服务供应者需要各区域环境办公室审评后授予他们在各管辖区域内开展业务的权利 4) 除水平承诺中的内容外，不作其他承诺	1) 没有限制 2) 没有限制 3) 除水平承诺中的内容外，没有限制 4) 除水平承诺中的内容外，不作其他承诺	
	D. 其他环境服务（废气清洁服务和消除噪声服务）（CPCP9404、9405 下建设项目之外的服务）	1) 没有限制 2) 没有限制 3) 没有限制 4) 除水平承诺中的内容外，不作其他承诺	1) 没有限制 2) 没有限制 3) 没有限制 4) 除水平承诺中的内容外，不作其他承诺	

经济体	部门或分部门	市场准入限制	国民待遇限制	其他承诺
	环境监测和评估服务（只涉及 9406、9409 下的环境影响评价服务）	1）没有限制 2）没有限制 3）商业存在的建立必须受制于经济需求测试 4）除水平承诺中的内容外，不作其他承诺	1）没有限制 2）没有限制 3）没有限制 4）除水平承诺中的内容外，不作其他承诺	
俄罗斯（除放射性废物/污染的治理）	A. 污水处理服务（CPC94010） B. 废物处置服务（CPC94020） C. 卫生及类似服务（CPC9403） D. 其他环境服务 -废气清洁服务（CPC9404） -消除噪声服务（CPC9405） -自然和景观保护服务（CPC9406） -环境影响评价服务（CPC9409）	1）除以下外，不作承诺 -环境影响评价服务（CPC9409）* 没有限制 -环境咨询服务，没有限制 2）除丁以下外，没有限制 3）对危险废物的处理 -只允许有俄罗斯联邦法人的商业存在 4）除第 I 部分提出的水平承诺中的内容外，不作其他承诺	1）除以下外，不作承诺 -环境影响评价服务（CPC9409） 没有限制 -环境咨询服务，没有限制 2）没有限制 3）除丁提出的限制市场准入外，没有限制 4）除第 I 部分提出的水平承诺中的内容外，不作其他承诺	
泰国	A. 污水服务 -在污水处理、废物处置、危险废物管理，空气污染和消除噪声、卫生及其他环境管理方面的咨询服务（CPC 9401） -环境保护和环境治理服务 -污水处理服务（包括工业废水处理系统）（CPC 9401）	1）没有限制 2）没有限制 3）除丁水平承诺内容之外，没有限制 4）参见水平承诺	1）没有限制 2）没有限制 3）只要外资参股不超过 49%，没有限制 4）没有限制	

经济体	部门或部分部门	市场准入限制	国民待遇限制	其他承诺
泰国	B. 废物处置服务（包括危险废物管理和焚化炉）（CPC 9402） C. 卫生及类似服务（CPC9403） - 在污水处理、废物处理、危险废物管理、空气污染和消除噪声、卫生及其他环境管理方面的咨询服务（CPC 9401） D. 其他 - 废气清洁服务 （包括工业排放治理）（CPC 9404） - 消除噪声服务（CPC94050） - 自然和景观保护服务（CPC9406）			
美国 （下面的每个子行业，美国仅承诺限于以下活动：安装启用新的或现有的环境清理、维复、预防和监控系统；实现环境质量控制和减少污染的服务；维护和修理不在美国承诺范围内的环境相关系统和设备；现场环境调查、评估、监测、样品收集服务；培训现场或培训设施；以上领域的相关咨询服务） （本次出价涉及不应解释为取代现有的美国运输承诺或相关最惠国豁免）	A. 污水处理服务（由私营企业承包） B. 废物处置服务（由私营企业承包） C. 卫生及类似服务 D. 其他环境服务 废气清洁服务；消除噪声服务；自然和景观保护服务；其他环境保护服务	1) 没有限制 2) 没有限制 3) 没有限制 4) 除水平承诺中的内容外，不作其他承诺	1) 没有限制 2) 没有限制 3) 没有限制 4) 没有限制	

经济体	部门或分部门	市场准入限制	国民待遇限制	其他承诺
越南 [出于安全考虑部分地理区域可能被限制进入（出于透明度的考虑，并依据 GATS 第 14 条项下的相关规定，本承诺表允许出于安全原因保留或采取相关的限制或禁止规定）]	A. 污水处理服务（CPC9401）	1) 除相关咨询服务外，不作承诺 2) 没有限制 3) 除以下规定外，没有限制：应明确条款 I: 3（c）中所规定的由政府机构提供的服务可以是政府专营或授权私人企业专营的服务 4) 除水平承诺中的内容外，不作其他承诺 本协定生效后的四年内，允许外商设立合资企业，外商出资比例上限为51%。期满后，没有限制	1) 除相关咨询服务外，不作承诺 2) 没有限制 3) 没有限制 4) 除水平承诺中的内容外，不作其他承诺	
	B. 废物处置服务（CPC9402）（法律禁止进口废弃物，危险废物的处置遵照法律规定）	1) 除相关咨询服务外，不作承诺 2) 没有限制 3) 除以下规定外，没有限制：应明确条款 I: 3（c）中所规定的由政府机构提供的服务可以是政府专营或授权私人企业专营的服务 4) 除水平承诺中的内容外，不作其他承诺 本协定生效后的四年内，允许外	1) 没有限制 2) 没有限制 3) 没有限制 4) 除水平承诺中的内容外，不作其他承诺	

经济体	部门或分部门	市场准入限制	国民待遇限制	其他承诺
		商设立合资企业，外商出资比例上限为 51%。期满后，没有限制 为确保公共利益，外商投资企业只能直接从家庭住户收集固体废弃物，并且只能在当地省市政府指定的废弃物收集地点提供服务 4）除水平承诺中的内容外，不作其他承诺		
越南	D. 其他环境服务 - 废气清洁服务（CPC9404） - 消除噪声服务（CPC9405）	1）除相关咨询服务外，不作承诺 2）没有限制 3）除以下规定外，没有限制：应明确条款 I: 3（c）中所规定的由政府机构提供的服务可以是政府专营或授权私人企业专营的服务。本协定生效后的四年内，允许外商设立合资企业，外商出资比例上限为 51%。期满后，没有限制 4）除水平承诺中的内容外，不作其他承诺	1）除相关咨询服务外，不作承诺 2）没有限制 3）没有限制 4）除水平承诺中的内容外，不作其他承诺	

经济体	部门或分部门	市场准入限制	国民待遇限制	其他承诺
越南	环境影响评价服务（CPC94090*）	1）没有限制 2）没有限制 3）本协定生效后的四年内，允许外商设立合资企业，外商出资比例上限为 51%。期满后，没有限制 4）除水平承诺中的内容外，不作其他承诺	1）没有限制 2）没有限制 3）没有限制 4）除水平承诺中的内容外，不作其他承诺	

注："*" 表明指定的服务是一个更综合的 CPC 分类项下的一个子类别；

"**" 表明指定的服务仅是 CPC 分类下所涵盖的整体活动的一部分内容（例如，语音邮件仅是 CPC 7523 的一部分）。

1）跨境交付；2）境外消费；3）商业存在；4）自然人移动。

资料来源：作者根据 WTO 网站信息整理。

5.3.2 APEC经济体所签署的FTA中的开放承诺

截至2016年9月，APEC经济体共签署实施了144个FTA。21个APEC经济体在FTA中的市场开放承诺水平要高于WTO，主要体现在以下方面：

一是与WTO出价方式相比，APEC经济体所签署的FTA中环境服务出价主要采用负面清单的出价模式。在WTO中各经济体主要采用正面列表表示其市场开放水平，列表之外不属于开放范围，在此情况下，出价方对市场开放水平具有较高的解释权。在APEC经济体已签署的FTA中，负面清单模式已经成为多数经济体市场开放承诺的表现形式，如澳大利亚、加拿大、日本、韩国、新西兰、新加坡以及美国等发达经济体主要采用负面清单形式。负面清单是指清单之外的项目均属于市场开放范畴，体现了更好的市场开放水平，同时也对成员方出价能力提出更高挑战。

二是一些在WTO中未做出市场开放承诺的APEC经济体，在其签署实施的FTA不断扩大其市场开放承诺，如中国香港、马来西亚、墨西哥、新西兰等，其中，新西兰签署实施的11个FTA中，除南太平洋区域贸易和经济合作协议以及新西兰—泰国自由贸易协定无具体服务承诺清单外，有5个采用负面清单、4个采用正面清单，对所有环境服务部门做出了市场开放承诺。

然而一些东南亚地区的APEC经济体，如文莱、印度尼西亚、马来西亚、泰国、越南等所签署实施的FTA环境服务市场开放水平仍较低。主要原因为：其自身经济发展水平低，环境服务市场需求低；经济体内部环境服务发展水平较低，国际竞争力较差，市场开放水平低。

APEC经济体已签署自由贸易协定中的市场开放情况详见表5-4。

表 5-4 APEC 经济体已签署自由贸易协定中的市场开放情况

经济体	签署 FAT	服务部门			其他环境服务			
		污水处理服务（CPC9401）	废物处置服务（CPC9402）	卫生及类似服务（CPC9403）	废气清洁服务（CPC9404）	消除噪声服务（CPC9405）	自然和景观保护服务（CPC9406）	其他环境保护服务（CPC9409）
澳大利亚	东盟-澳大利亚-新西兰/澳大利亚-智利、中国、新西兰、日本、韩国、马来西亚、新加坡、泰国、美国	×	×	×	×	×	×	×
加拿大	加拿大-智利、哥伦比亚、洪都拉斯、韩国、巴拿马、秘鲁/北美 FAT	×	×	×	×	×	×	×
智利	智利-澳大利亚、日本、韩国、美国、跨太平洋战略经济伙伴关系协定	负面清单，要求智利有权采取或维持任何措施，要求只能由智利按照法律规定注册的法人提供包括饮用水的生产和分配，废水的收集额额处理，公共服务等，						
	智利-加拿大、中国、欧洲自由贸易联盟	无	无	无	无	无	无	无
	智利-中国香港贸易谈判协定	×	×	×	×	×	×	×
中国	共 14 个自由贸易协定	×	×	×	×	×	×	×
中国香港	中国香港-欧洲自由贸易联盟、智利、新西兰	×	×	×	×	×	×	×
日本	日本-文莱、智利、印度、澳大利亚、墨西哥、印度尼西亚、马来西亚、秘鲁、菲律宾、新加坡、瑞士、蒙古、泰国、越南	×	×	×	×	×	×	×

经济体	签署FAT	服务部门						
		污水处理服务（CPC9401）	废物处置服务（CPC9402）	卫生及类似服务（CPC9403）	废气清洁服务（CPC9404）	其他环境服务		
						消除噪声服务（CPC9405）	自然和景观保护服务（CPC9406）	其他环境保护服务（CPC9409）
韩国	韩国-东盟、中国、欧洲自由贸易联盟、印度、越南	×	×			×	×	×
	韩国-加拿大	负面清单，在韩国从事环境服务的人需在韩国设立办公室						
	韩国-澳大利亚、新西兰、美国	负面清单，要求在韩国从事污水处理服务、废物处置服务、空气污染治理服务、环境预防设施服务、环境影响评价服务、土壤修复和地下水净化服务以及有毒化学物质控制服务的人员需在韩国设立办事机构，并要求在饮用水的处理和供应服务、城市污水收集和处理服务、公共服务及类似服务以及自然和景观保护服务中保留未来措施						
	韩国-智利、新加坡	要求从事空气质量监测控制、水质监测、废水处理、废物收集服务、噪声震动监测和治理、环境影响评估、有毒化学物质处理服务的个人按照各省、城市的环境部门标准取得分部门和行业许可的合格证书，进行注册；对饮用水的生产和运输服务、被污染土壤的修复和运输服务在国民待遇和当地存在保持或维持措施						
马来西亚	马来西亚-澳大利亚、新西兰	×	×	×	×	×	×	
墨西哥	墨西哥-欧洲自由贸易联盟、日本/北美FTA	×	×	×	×	×	×	
新西兰	东盟-澳大利亚-新西兰、新西兰-澳大利亚、中国、中国香港、韩国、中国台湾、马来西亚、新加坡跨太平洋战略经济伙伴关系协定	×	×	×	×	×	×	

经济体	签署 FAT	污水处理服务（CPC9401）	废物处置服务（CPC9402）	卫生及类似服务（CPC9403）	废气清洁服务（CPC9404）	其他环境服务 消除噪声服务（CPC9405）	其他环境服务 自然和景观保护服务（CPC9406）	其他环境服务 其他环境保护服务（CPC9409）
秘鲁	秘鲁-加拿大	秘鲁保持在公共污水服务方面采取任何措施的权利						
	秘鲁-日本、新加坡	×	×		×	×	×	×
	秘鲁-中国	×	×	×	×	×	×	×
	秘鲁-美国		×		×	×	×	×
菲律宾	东盟-澳大利亚-新西兰/东盟-中国、印度，韩国/菲律宾-日本	×						
	东盟-澳大利亚-新西兰/东盟-中国、韩国/新加坡-中国、海湾合作委员会			×	×	×		
	东盟-印度/新加坡-印度、新西兰	×						
	新加坡-哥斯达黎加	负面清单，新加坡有权在新的环境服务方面维持或采取任何措施；有权在任何新的环境服务方面采取任何措施						
新加坡	新加坡-欧洲自由贸易联盟					×	×	
	新加坡-韩国、巴拿马/跨太平洋战略经济伙伴关系协定		×	×	×	×	×	×
	新加坡-秘鲁	×				×		
	新加坡-澳大利亚	负面清单，新加坡有权在废水管理方面采取任何措施（包括但不限于废水的收集、处理和治理及修复固体废物和废水）方面采取任何措施						×
	新加坡-中国台湾	负面清单，新加坡有权在废水管理方面采取任何措施（包括但不限于危险废物的收集、处理和治理及修复固体废物和废水），处理和处置；新加坡保留在废水管理方面采取任何措施；有权在包括危险废物的收集、处理及处置方面采取任何措施保障废物管理				×	×	×
	新加坡-美国	×					×	×

经济体	签署 FAT	服务部门						
		污水处理服务（CPC9401）	废物处置服务（CPC9402）	卫生及类似服务（CPC9403）	其他环境服务			
					废气清洁服务（CPC9404）	消除噪声服务（CPC9405）	自然和景观保护服务（CPC9406）	其他环境保护服务（CPC9409）
泰国	东盟-中国/泰国-日本	×	×	×	×	×	×	×
中国台湾	中国台湾-新西兰、新加坡	×	×	×	×	×	×	×
美国	多米尼加共和国-中美洲-美国 FTA	×	×	×	×	×	×	×
	美国-韩国	×	×	×	×	×	×	×
	北美 FTA							
	美国-澳大利亚、巴林、智利、哥伦比亚、约旦、摩洛哥、阿曼、巴拿马、秘鲁、新加坡	×		×	×	×	×	×
越南	东盟-中国、印度、韩国/越南-日本、韩国	×	×		×	×		×

资料来源：作者根据 WTO 网站信息整理。

5.3.3　APEC 经济体在 APEC 中的环境服务开放承诺

为实现贸易投资自由化，APEC 经济体每年提交并更新 IAP，以汇报其在实现贸易投资自由化方面的工作进展。在 IAPs 中，APEC 经济体设定了其实现贸易投资自由化的时间表和目标，相关行动由成员方在自愿、非约束的基础上开展。按照大阪行动议程，APEC 经济体所提交 IAP 的主要内容包括：关税、非关税措施、服务、投资、标准和一致性、海关程序、知识产权、竞争政策、政府采购、放宽管制和监管审查、WTO 义务（包括规则和原产地）、争端解决、商务人士流动、信息收集和分析、透明度以及 RTAs/FTA 等十六个方面。

（1）APEC 环境服务市场开放要求

APEC 认为对服务贸易自由化和便利化的限制主要来自运营要求、服务提供者的执照及资格要求、外企进入限制、歧视待遇/最惠国待遇等方面。

①运营要求

运营要求主要指法律、法规及政府的规章制度对环境服务提供者的相关规定。法律法规、政府的规章制度对环境服务部门自由化贸易有重要影响。因为，环境规章既是环境服务需求的重要拉动力，也可能造成一定的贸易自由化壁垒。

以公共采购政策为例，政府制定的政策经常有益于国内企业。由于环境服务很强的公共物品属性，与环境服务相关的许多服务的私有化市场还没有形成，政府垄断、专营仍然是环境服务的重要特征。在发展中经济体，环境服务公共支出大约占总支出的 70%。政府占有环境服务的比例及公共采购政策会影响环境服务贸易。很多情况下，按采购惯例，政府采购合同一般把国外供应排除在外。政府在运营要求方面所实施的环境服务贸易自由化和便利化壁垒具体表现在以下方面：

● 实施不同的许可标准；

● 缺乏相关的环境规章和严格的环境标准；

● 法律规定与具体执法存有矛盾；

- 公平竞争方面的法律不健全;

- 知识产权保护;

- 环境规章和标准不确定和不一致;

- 消费者压力(绿色消费);

- 社区压力。

②服务提供者的执照及资格要求

企业被要求进行注册或获取营业执照最初是出于财政及税收的需要。随着社会的发展,为了保护消费者、公众健康和安全,大多数经济体在一些部门对申请营业执照有额外要求。尽管这些要求对所有服务供应者同等适用,但很多情况下外资企业注册或领取营业执照的程序和条件需要经过许可。外资企业获取执照及资格的程序和条件区别表现在:

- 缺少开放、透明的执照申请或拍卖程序;

- 限制服务交易或资产总值;

- 限制服务网点总数或服务产出总量;

- 明确规定某些环境服务部门或活动外资不得介入,或者限制向外国公司发放的执照数目;

- 优先为当地公司颁发执照;

- 提供固体废物管理、环境技术检验和分析等环境服务的外国投资方招标必须经过经济需求测试;

- 外资如获得工业废水处理等环境服务的营业执照必须附带一定数量配额;

- 外资进入环境工程建造等环境服务市场只能以合资的形式存在;

- 外国公司申请过程烦琐、漫长;

- 对服务提供者有资格要求(如必须是高级管理人才、专家或技术人员);

- 签证、社会保障等方面的限制;

- 限制外国资本投资总额或参与比例;

- 外资参与的环境工程等环境服务的合同额或合同数每年要进行核查；

- 对外国环境服务的投资者有一定要求；

- 当地满意度要求等。

③外企进入限制

限制外国企业在国内投资或设立公司以及限制外国企业在国内雇佣该国国民的措施，都会影响到环境服务贸易的发展。在国内设立商业存在的限制主要包含关于外国投资的规范和针对特定部门的规定，它们都会严重影响国外企业进入国内市场。一般限制包括：

- 对外资的限制（如对外商持股比例有一定要求）；

- 对外企合法实体形式有具体规定（如要求与当地企业合资）；

- 运作范围限制（如限制分公司数量及地点等）；

- 歧视（例如外国公司注册费要远远高于国内公司注册费、缺乏透明的申请程序）；

- 要求当地员工在外资企业中要占有一定比例；

- 限制服务提供者可以雇用的人数；

- 新企业入境必须进行经济需求测试等。

④歧视待遇/最惠国待遇限制

最惠国待遇主要指每一成员对于任何其他成员的服务和服务提供者，应立即和无条件地给予不低于其给任何其他经济体同类服务和服务提供者的待遇。

（2）APEC 经济体环境服务开放承诺

截止到 2012 年，APEC 中所有经济体均在其 IAP 中做出了实现环境服务贸易自由化的具体承诺（见表 5-5）。例如，美国对环境服务没有限制；日本在运营要求、服务提供者执照和资格要求以及歧视待遇/最惠国待遇方面没有限制，在外企进入限制方面，对模式三商业存在无限制，对模式四自然人移动在市场准入和国民待遇方面执行与其他服务业相同的承诺；加拿大在运营要求、外企进入限制以及歧视待遇/最惠国待遇方面没有限制，在服务提供者的执照及资格要求方面规定了从事垃圾收集、运输、处理、储存和处置等均需具有省或领地机构颁发的许可证及执照；澳大利亚在运营方面要求对可能影响澳大利亚环境的活动必须提出项目建议，对项目进行审查，并对是否需要执照提出建议，在外资进入和歧视待遇/最惠国待遇方面没有限制；新西兰在运营资质、外企进入限制以及歧视待遇/最惠国待遇方面没有限制，对服务提供者具有一定的许可、资质及认证方面的要求；新加坡对环境服务提供商具有资质上的要求，要求第三方检测机构具有认证，垃圾填埋服务以及污水的收集和处理服务只能由政府提供，垃圾收集服务、垃圾焚烧服务以及卫生清洁服务等对国内外服务供应商没有明显的区别待遇，通过公开招投标的方式进行，要求具有一定的技术或财务能力，且所获得的资格具有一定的时间限制。

从环境服务贸易壁垒模式来看：

运营要求方面：澳大利亚要求对任何可能影响澳大利亚环境的活动向环境与遗产部提出项目建议；加拿大一些区域设置了相关标准限制垃圾填埋场的位置；智利饮用水的生产、分销以及废水的收集和处置工程的建设等只能由市政部门开展；印度尼西亚在有毒废物管理、环境影响评价以及环境审计方面具有技术要求；墨西哥在水服务方面具有注册上的限制；巴布亚新几内亚在环境相关科研、被保护动物/濒危动物以及生物探查的风险评估运营资质以及研究人员资质及相关工作经验方面做出规定；秘鲁在卫生服务方面做出要求；越南要求提供服务的企业获得运营执照、投资许可以及要符合越南国内的相关规章和标准。

服务提供者执照及资格要求方面：澳大利亚有执照要求，但各州规定不同；加拿大各省和领地机构颁发垃圾收集、运输、处理、储存和处置等许可证或执照；智利要求服务提供商接受评估，并书面确保具有提供服务的能力；印度尼西亚要求对有毒废物管理服务提供商进行许可，同时，对涉及制冷剂改造和回收的环境服务提供商提出具体要求；墨西哥对环境审计顾问进行认可、对水资源的使用进行特许；新西兰相关法律对许可、资质和认证的相关要求做出了规定；秘鲁要求在森林和环境服务、动物园运营以及卫生服务方面要求提交相关资料，其中包括卫生服务方面的开发许可；新加坡在垃圾收集、废物处置设施建设、维护以及运营方面要求具有许可证。

外资进入限制方面：墨西哥《外国投资法》中有关于水的开发和使用的相关规定；新西兰《海外投资法》中规定对敏感地区的海外投资进行审查，敏感资产的投资也要受到约束；新加坡要求外国服务提供者必须接受政府指定的排放源方面的权威测试，并在废水处理服务方面有股权比例限制；越南在鼓励类环保投资方面具有税收优惠；其他经济体在外资进入方面没有限制。

歧视待遇/最惠国待遇方面：现有 21 个经济体在其做出的 IAP 中，环境服务方面没有歧视待遇方面的限制。

在纵向上，与 2006 年及之前相比，一些经济体根据内部新出台的相关法律法规及制度规定，在环境服务贸易壁垒上有一些新的进展，如在服务提供者执照及资格要求方面，印度尼西亚增加了对涉及制冷剂改造及回收的环境服务提供商的具体要求，在外资进入限制方面，印度尼西亚废除了在股权比例，使用当地人员以及转移核心技术方面的限制。

与 WTO 以及 FTA 中环境服务市场开放相比，APEC 中市场开放具有以下特点：一是 WTO 及 FTA 具有法律强制性，而 APEC FTA 中所采取的促进贸易投资自由化的行动主要是自愿的、非约束性的；二是 WTO 及 FTA 环境服务市场开放更多关注市场开放部门，重点在进入门槛方面，而 APEC 则更多关注经济体内部相关法律法规及管理制度对外资进入的实质影响，着力消除其潜在贸易投资壁垒对市场实际开放水平的影响；三是对 APEC 经济体来说，APEC FTA 在消除其环境服务贸易壁垒方面所取得的积极成效是对 WTO 以及 FTA 环境服务市场开放的进一步深化，同时借助区域组织的力量，有利于进一步推动多边及双边贸易自由化进程。

表5-5 APEC经济体环境服务贸易壁垒情况

经济体	项目	准入要求（截至2012年）
澳大利亚	运营要求	澳大利亚没有特定的环境服务部门监管机构。环境服务部门活动是由几个澳大利亚政府以及州和领地政府的跨部门监管机构监管的。 澳大利亚政府，通过其环境与遗产部执行环境保护及生物多样性保护法。这些立法适用于包括提供环境服务活动在内的所有组织（澳大利亚及外国的）。如果一个组织认为其活动可能影响澳大利亚的环境，则其必须向澳大利亚环境与遗产部提出项目建议。 澳大利亚的每一个州都有一个环保局，环保局对公司活动对一般环保法律的适用性提出建议。对每一个项目进行审查，并对是否需要执照（例如废物处置）提出建议。需要说明的是，许多项目不需要这样的执照。 地方政府层面，镇及郡参议院对城市规划做出决定，例如对废物处置场的场址做出决定。 政策层面，澳大利亚政府建立了水资源委员会以评估"国家水改计划（NWI）"下的水资源改革进程，直接向总理以及澳大利亚政府委员会汇报。水资源委员会是独立法人机构，以及帮助政府实施水资源改革。
	服务提供者的执照及资格要求	具体执照是被要求的，对此，不同州有不同规定
	外企进入限制	在WTO文本中，澳大利亚在GATS模式二和模式三中的污水处理、垃圾处置、卫生及类似服务的市场准入做出了综合承诺。而在同样的次部门，由于缺乏技术可行性，模式一仍然是不作承诺（Unbound）。 对海外培训的工程师的工作，几乎没有执照或注册方面的法律需求。真正存在的外企进入限制只适用于昆士兰州和矿业。当地政府以及建筑业领域的一些职务
	歧视待遇/最惠国待遇	在WTO文本中，澳大利亚在GATS模式二和模式三中的污水处理、垃圾处置、卫生及类似服务的国民待遇做出了综合承诺。而在同样的次部门，由于缺乏技术可行性，模式一仍然是不作承诺。 澳大利亚在环境服务部门应用最惠国待遇原则

经济体	项目	准入要求（截至 2012 年）
加拿大	运营要求	联邦、省、地区各级政府都有关于环境服务的条例，多数是关于保护和维持加拿大的环境。也有区域性的标准限制垃圾填埋地的位置
	服务提供者的执照及资格要求	加拿大采用多种监管工具实现环境保护目标。这些监管工具存在于各级别政府，反映了有关环境问题的责任共担。例如，省和领地机构主要负责有关固体废物的许可证或执照或执照。通常情况下，任何人从事垃圾收集、运输、处理、储存和处置等均需要具有省级或领地颁发的许可证……废物管理法规明确和制定了不同的废物类型、规定了废物处置厂址和废物管理系统的选址、维护和运营
	外企进入限制	加拿大对 WTO 服务部门分类列表（W/120）项下所涵盖，并与联合国中央产品分类相对应的所有环境服务门类做出了承诺。承诺包括：A 污水处理服务（CPC 9401）；B 废物处置服务（CPC 9402）；C 卫生及类似服务（CPC 9403）；以及 D 其他环境服务——废气清洁服务、消除噪声服务、自然和景观保护服务、以及其他环境服务（CPC 9404, 9405, 9406, 9409）。对模式四，除水平承诺外，不作其他承诺。加拿大在市场准入方面对外企无限制
	歧视待遇/最惠国待遇	环境服务领域的具体承诺已经在 GATS 承诺表中进行了规定。除模式四中"除水平承诺外，不作承诺"的特殊规定外，没有国民待遇方面的限制
智利	运营要求	为提供服务，"职业服务提供者"需在"内部税收服务"上注册，获得用于纳税目的的税标识号。有一些市场准入方面的限制：用于饮用水的生产、分销以及废水的收集和处置工程或工程的建立、建设等有关的服务只能授予企业。这些法律实体必须在智利法律的授权之下，目的是使这些服务成为垄断服务。 该领域的主要规则体现于： 1991 年 11 月 27 日官方公告的第 121 号最高法令； 1988 年 12 月 30 日官方公告的第 382 号法令-DFL. 允许这些让步之前 可能产生环境影响的项目投资和/或服务供应必须在智利法律框架保持一致，例如环境法，环境委员会的环境影响评估体系规则
	服务提供者的执照及资格要求	服务提供者必须接受授权机构的评估，他们必须书面确认服务从确保在该部门胜任任务的要求
	外企进入限制	与自然人移动的限制相同；在该领域没有外资所有权的限制
	歧视待遇最惠国待遇	完全开放，没有限制

经济体	项目	准入要求（截至 2012 年）
中国香港	运营要求	总体上，在环境服务部门没有具体的运营要求。但是，注册的石棉顾问、石棉承包商、石棉实验员要受《大气污染控制条例》第 62 和 77 部分以及环保署发布的《石棉控制行为准则》的支配。对环境服务部门的服务提供者来讲，除提供化学废物的收集、处置服务外，一般没有具体的法律要求。化学废物的收集或处置服务有《废物处置条例》颁布的执照。对石棉而言，除了《废物处置条例》的约束，其顾问、承包商及实验员也要求按《空气污染管制条例》第 51—68 部分以及空气污染管制法规中进行了规定。注册石棉专业人士的列表可以在环境保护局网站主页上找到。医疗废物产生者必须正确处理医疗废物。医疗废物收集者和医疗废物处置场所运营者必须从环境保护部门获得许可
	服务提供者的执照及资格要求	根据 2011 年 8 月 1 日生效的相关法律要求，医疗废物处置场所运营者必须从环境保护部门获得许可
	外企进入限制	没有限制
	歧视待遇最惠国待遇	没有限制
印度尼西亚	运营要求	政策框架：涉及环境管理的 1997 年第 23 号法律提供了环境管理的政策框架以及进一步的技术要求。更为具体的技术要求已经建立在各自的政府规制以及部长法令和规制中。 环境服务提供者的具体要求：与环境服务提供商相关的主要规制包括： a. 有毒废物管理（指 1999 年第 18 号政府规制以及其后的部长级法规） b. 环境影响评价（指 1999 年第 27 号规制以及其后的部长级法规） c. 环境审计（指 1994 年的第 42 号部长法规以及 2001 年的第 30 号部长级法规） 许可： 1994 年第 68 号法令规定了包括有毒废物管理服务提供者的许可程序。 能力要求： 环境部颁布的 2006 年第 6 号部长级规制规定了人员和环境服务供应商的能力标准，其提供了环境管理中能力标准化措施（能力测试、认证、注册）使用的主要原则及政策框架。特定子行业的更为具体的规定将由单独的部长级法规做出。
	服务提供者的执照及资格要求	环境服务提供商的更为具体的相关要求：2007 年通过的第 2 号长规规涉及制冷剂的改造和回收，主要是用于臭氧保护。回收、循环制冷以及制冷剂的改造和回收，主要是用于臭氧保护。规制涵盖制冷剂涉及制冷剂的更为具体的冲型

经济体	项目	准入要求（截至 2012 年）
印度尼西亚	外企进入限制	没有进入限制
	歧视待遇/最惠国待遇	—
	运营要求	没有限制
日本	服务提供者的执照及资格要求	没有限制
	外企进入限制	对于模式三商业存在无限制，对于模式四自然人移动无单独承诺，在市场准入和国民待遇中履行与其他服务行业相同的承诺
	歧视待遇/最惠国待遇	没有最惠国待遇方面的限制
	运营要求	对水服务有一定限制，包括注册
墨西哥	服务提供者的执照及资格要求	环境审计计划已扩充到除工业以外的旅游、森林、SME 等，职业顾问认可工作已经开始，现在有 250 多个人申请。环境和自然资源部与财政部、能源部实施一项保护环境的激励计划，主要措施为加速折旧及零关税，目的是安装治理污染的设备。开发和使用水资源要通过特许。申请水权不少于 5 年，不多于 50 年。特许权有如下用途：城市公共设施、农业、发电、工业活动、旅游、服务及环境保护
	外企进入限制	外国投资法中关于水的开发和使用的规定
	歧视待遇/最惠国待遇	没有歧视

经济体	项目	准入要求（截至 2012 年）
新西兰		环境服务的运营要求与"服务贸易一般规定"一致。 下列法令和相关规则使用于所有行业部门，形成了新西兰一般服务实践的参照：1993 年《公司法案》。2000 年《劳动关系法案》，1987 年《产假和就业关系法案》，1983 年《最低工资法案》，1983 年《工资保护法案》，2003 年《假期法案》，1972 年《同酬法案》，1993 年《人权法案》，1992 年《职业健康和安全法案》，1986 年《商业法案》，1991 年《资源管理法案》及修订，2002 年的《当地政府法案》。 1991 年的《资源管理法案》及修订，1987 年的《保护法案》，1956 年的《健康法案》，1979 年的《有害物质法案》，1996 年《有害物质和新生物法案》，1993 年《海洋运输法案》以及各种当地政府法律均对环境服务部门形成管制。
	运营要求	政府通过了《资源管理法案》的修订，修订将提高过程要求以及以一种更省时的方式完成基础设施建设。《法案》于 2009 年 9 月 9 日，《资源管理法案修订案》通过了过会第三次审阅，并于 2009 年 10 月 1 日成为法律。 的主要变化包括： 降低《资源管理法案》在用于琐碎的、无理纠缠的以及竞争的目标或诉求方面的能力； 降低做出决策的成本和时间； 设立环保局以及时有效地处理相关决策的申请； 提升计划发展和计划变更流程来减少准备和计划相关的时间和成本； 提高资源一致程序来减少申请者在保持适当公众参与水平方面的成本和时间； 精简准备过程，提高政策工具的有效性； 提高执行和遵守机制的有效性和威慑作用； 提高《资源管理法案》决策机制的有效性和可使用性； 作为《资源管理法案修订案》（简易本）设立的环境保护局于 2009 年 10 月 1 日正式运行，这意味着新西兰政府在管理自然资源将发挥更主动的作用
	服务提供者的执照及资格要求	许可、资质和认证要求均包含在上述法律中

经济体	项目	准入要求（截至2012年）
新西兰	外企进入限制	新西兰对海外投资的审查限制在被2005年的《海外投资法案》定义为敏感性的重要地区。新西兰《海外投资规定》定义为敏感资产投资受2005年的《海外投资法案》以及2005年的《海外投资规定》的约束。对外资进入该行业或部门没有额外的规则要求
	歧视待遇/最惠国待遇	除了新西兰在GATS水平承诺部分的规定，没有歧视条款。新西兰在GATS中没有对环境服务部门进行承诺。没有对外资供应商的歧视条款
	运营要求	有一些相同的与其他服务提供者: -在一些科研领域—自然历史方面，研究者必须在评估日期6个月之前向相关主管部门提出研究申请。 -被保护动物或濒危动物探查的风险评估咨询需要有国内专家，还有一些监测站的后勤问题（例如海洋研究船）; 资格: -研究人员必须有相关资历及该领域实质性的相关工作经验
	服务提供者的执照及资格要求	与其他服务提供者有同样要求: -适用于投资促进法; -对鳄鱼皮贸易有规定，包括打猎者、从事贸易的人、出口商等; -所有野生动植物的贸易受国际贸易法的约束。 资格: 要求注册
巴布亚新几内亚	外企进入限制	没有限制
	歧视待遇/最惠国待遇	
中国台湾	运营要求	废物处置企业要求遵守"规制工业废物存储、清除和处置的方法和设施的废物处置法案和标准";害虫防治业务需遵守"害虫控制程序管理措施";环境检查和测试业务需遵守"害虫控制程序管理措施"
	服务提供者的执照及资格要求	害虫防治需雇用专业技术人员，在业务开始之前，害虫防治人员需申请害虫防治许可证
	外企进入限制	完全自由化
	歧视待遇/最惠国待遇	没有限制

经济体	项目	准入要求（截至 2012 年）
秘鲁	运营要求	2005 年 10 月颁布的环境法将环境服务定义为"自然生态系统免费提供的资源、产品和过程"。为保持相关条款，通过环境委员会来推进环境服务的金融、支付和监管建设。 环境服务的概念包括产品和服务，例如：水循环和水资源的保护、生物多样性的保护、温室气体排放的减缓、自然和景观保护、气候控制、营养循环和作物授粉的维持、精神和娱乐益处的提供以及其他。 环境政策：CONAM 是环境机构以及环境管理系统的先驱，其与各事务部门、其他中央公共机构以及次中央政府协调环境政策。该系统不是由一个部门管制，而是由 CONAM 作为环境事务的单元。CONAM 提供了基本的规则，并在三个政府层面协调所有公共部门环境单元的活动。每一个事务部均有一个部门层面的直接负责环境事务的单元，而是由一个事务部的横向机构进行协调，并且由 FONAM 作支持。 卫生服务：下列法律规制卫生服务的提供：26338 号法律—卫生服务的一般法律、09-95 号总统最高政府监管法令、N° 28870 号法律—最大化卫生服务提供者管理的法律（提供者安体和卫生服务）。 环境服务（例如水和废水）的提供由卫生服务监管部门进行监管。 省市级政府授予相关环境服务提供实体卫生服务开发许可证，实体可以是公共的、私人的或者公私合营的，必须有自己的股东权益，运行及管理自制以及实现相关要求。所授予许可证期间一般为 15～60 年。许可证期间根据项目总体规划以及投资回报期来决定。 为保证运营，卫生服务提供者（市政的、私人的或者公私合营）必须与首都市民或一些市民签署合同。在私人的或公私合营的情况下，合同是在让步的情况下，技术和专业人士组合组成的综合性系统以便确保好的管理、资源以及信息，好的质量，好的系统的维护，有效地运营以及投资的实现。 卫生服务提供商必须依赖组织、技术和专业人士以及法律义务的实现。 在小城镇，卫生服务主要是通过管理委员会行动提供的，管理委员会也主要是由卫生服务主管部门所管制。 森林和环境服务： 《森林和野生动物法》（2000 年 7 月通过的第 28611 号法律）明确了森林环境服务的概念，即由森林和林业种植园所提供的、对环境保护、修复以及改善具有直接影响的服务

经济体	项目	准入要求（截至 2012 年）
	运营要求	森林环境服务包括：土壤保护、水循环管理、生物多样性保护、生态系统以及自然和景观保护、碳封存和固定、气候调节以及基本生态系统的维护。 假如涉及此事项的未来的法律法规没有做出规定，那么对外国人和企业来说是没有限制的，除非坐落于国境 50 km 以内的不能由外国人所拥有的岛屿
秘鲁	服务提供者的执照及资格要求	为提供与环境管理相关的服务，如环境影响评价、污染防治计划以及关闭计划，国内和外国公司必须在授权提供商部门列表中进行注册。 每一个部门都有司机的公司注册程序，包括对提供相关服务的经验以及专业团队技术优势的分析等，以及其他。 森林和环境服务： 根据第 27308 号法律，为获得非木材目的的林业进入，需向自然资源研究所提交以下资料： 直接向森林和野生动物（生态旅游或保护）管理者或森林产品（其他森林产品）技术易经理进行请求： 法律构造； 项目介绍； 所提交子区域的范围。 动物园： 根据第 27308 号法律，为获得经营动物园的授权，需向自然资源研究所提交以下资料： 直接向森林和野生动物（其他产品和森林）技术易经理提交的请求；

经济体	项目	准入要求（截至 2012 年）
秘鲁	服务提供者的执照及资格要求	专业和技术人员列表； 由在自然资源研究所注册的野生动物领域的顾问签字的每年运营计划书； 支持要求生育的员工的承诺； 保护地区资产的报告。 卫生服务： 为了确保运营，卫生服务提供机构（市政的、私人的或公私合营的）需与市政当局签署一份合同。卫生服务的开发合同必须包括以下要求： 全部或部分的开发许可； 开发的地理范围； 合同条款。对于市政机构，条款不限长度； 根据有效地以及由自然资源研究所所确定的水平的服务质量； 遵守与卫生服务相关条款的义务； 遵守关税制度的义务； 承诺完成年度运营计划、总体计划、财务计划以及卫生服务扩张条款； 紧急情况下提供卫生服务的条件； 未完成合同约定条件下的处罚和制裁； 暂时搁置的原因； 争端解决条款； 被保证人
	外企进入限制	没有限制
	歧视待遇/最惠国待遇	没有限制

经济体	项目	准入要求（截至 2012 年）
新加坡	运营要求	废气清洁服务 CPC9404： 环境署在环保法案及其规定的框架下对空气污染物的排放量进行规定和监测，包括固定源和移动源。这些空气污染物多数由化石燃料的燃烧引起。 消除噪声服务 CPC9402： 环境署在环保法案及其规定的框架下对噪声污染进行规定和监测。 垃圾处理： 环境署在环境公共健康法案及其规定的框架下对废弃物处理服务进行规定和监控。 环境署也在环境保护法案及其规定的框架下对废弃物中废水和空气杂质的泄漏进行监管。 卫生服务： 环境署在环境公共健康法案及其规定的框架下对公共清洁服务进行监管。 废水处理服务： 公用事业委员会在污水排放法案和相关规定下对废水处理服务进行监管。 环境署在环境保护法案及其框架下对废水的泄漏进行监管
	服务提供者的执照及资格要求	废气清洁服务： 工业源排放测试计划： 1997 年 1 月，环境署对所有工业源执行了排放源检测计划。在该计划下，工业排放源必须亲自或由第三方代理对污染源的排放进行检测。这将有助于工业污染源对其污染物的排放进行有规律的监测并及时采取必要行动，以确保与规定的空气排放标准相一致。检测第三方代表必须由新加坡制授权委员会认证其资格。 另外还包括： 整体环境空气质量控制：环境署也对新加坡的空气质量进行监督。新加坡共有 17 个空气质量监测站，完全归环境署所有。 车辆尾气排放控制：使用中的车辆必须接受定期检查。检查包括尾气排放是否符合标准。服务提供商也提供陆路交通管理局所要求的车辆安全检查

经济体	项目	准入要求（截至2012年）
新加坡		消除噪声消减服务CPC9402：对噪声消减服务没有资质方面的要求。 垃圾处理服务：垃圾收集服务自2001年起私营化。每个部门的各个运营商都由环境署公开招标获得许可证。垃圾回收由所有持证的公共垃圾收集公司提供。新加坡分为九个部门，每个部门的公共垃圾收集由环境署指定为7年期的公共垃圾收集商。目前，新加坡9个部门中共有4个公共垃圾收集公司。此外，环境署将一般废物收集许可，主要负责工业及垃圾收集。同样，公司也可以参与公共废物收集。在开展废物收集活动之前，公司须在新加坡注册并申请一般废物收集许可。 废物减量化服务：物品循环服务由循环项目为住户提供服务。服务提供者的要求包括在公共垃圾收集条款中了，有合适的价格和相当的竞争力。循环服务提供商需要按时为住户提供垃圾箱和垃圾袋。提供者必须经过公开的招标，有合适的时间内收集可循环材料。 垃圾焚烧和填埋处置。 垃圾焚烧和填埋服务也是由政府管制的。一般废物处置服务主要是现有的政府所有的垃圾焚烧厂处置。新的垃圾处置设施格通过DBOO招标。由私人部门的建设。新加坡非常欢迎有资质的外国公司通过DBOO参与到新的垃圾焚烧厂的建设。新加坡拥有现有垃圾填埋场，并且是唯一的垃圾填埋服务的提供商。焚烧产生的飞灰以及非焚烧的垃圾是进行填埋处置的。
	服务提供者的执照及资格要求	DBOO是进行填埋处置的。 提供者必须经过公开的招标，有合适的价格和相当的技术竞争力。对国内和国外企业没有差别。 环境署向9个部门成功的垃圾处置废物处置委派以及颁发新的公共垃圾收集许可证。 卫生清洁服务： 新加坡的公共清洁服务划分为5个部门，每个部门的许可证均由环境署颁发给公开竞标中竞标成功的企业。提供者必须经过公开的招标，有合适的价格和相当的技术竞争力。对国内和国外企业没有差别。 相关资质主要包括： 公共清洁服务提供商必须在建局注册，财务等级在L5及以上； 没有在建局注册的公共清洁服务提供商在相关的政府注册当注册，如果注册尚没有结果则需向招标商附

经济体	项目	准入要求（截至2012年）
新加坡	服务提供者的执照及资格要求	上其注册费用收据的副本； 竞标成功者将多由环境局授予5年期的公共清洁服务提供商资格； 污水服务： 新加坡由政府提供污水的收集及处理服务 废气清洁服务CPC9404： 工业源排放测试计划：在该计划下，工业必须自行或委托第三方机构开展源排放测试。 消除噪声服务CPC9405： 无。 垃圾处置服务CPC9402： 垃圾收集服务： 必须由当地公共部门授权或发放许可。需要向政府缴纳一定协议定的费用。 垃圾焚烧和填埋服务： 提供者必须经过公开的招标，有合适的价格和相当的技术竞争力。鼓励外商进入垃圾焚烧服务的提供，但垃圾填埋只能由政府所有的企业提供服务。
	外企进入限制	卫生清洁服务： 提供商必须在当地建筑及工程局注册，接受有关资金和技术的审核后方可进入。 废水处理服务： 在服务自由化的条件下，需提交以下资料： 业绩记录； 当地拥有多数股权； 受监管控制提供这些服务的费用和数量

经济体	项目	准入要求（截至2012年）
新加坡	歧视待遇/最惠国待遇	废气清洁服务 CPC9404： 外国的服务提供者必须通过政府指定的权威测试，如排放源测试等。 噪声消减服务 CPC9402： 无 垃圾处置服务： 现有主要是四家国有服务商提供垃圾处理服务。新进入者必须经过公开的招标，有合适的价格和相当的竞争力。 欢迎有资质的外商进入。 鼓励外商进入垃圾焚烧服务的提供，但垃圾填埋只能由政府所有的企业提供服务。 卫生清洁服务： 提供商必须在当地建筑及工程局注册，接受有关资金和技术的审核后方可进入。需缴纳一定费用。 废水处理服务： 业绩记录； 需注册； 当地拥有多数股权； 受监管控制提供这些服务的费用和数量
美国	运营要求	没有限制
	服务提供者的执照及资格要求	没有限制
	外企进入限制	签证及移民政策限制
	歧视待遇最惠国待遇	没有限制

经济体	项目	准入要求（截至2012年）
越南	运营要求	企业希望提供环境服务，需要满足以下要求： -符合有关运营执照（适用于国内公司）或投资许可（适用于国外公司）； -符合有关环保、环境污染处置、先进技术转让等投资激励的有关规章； -符合关于资金的有关规章； -符合关于危险化学品贸易及包含危险化学品产品贸易的相关规章，一些被禁止化学品的破坏； -符合运输标准、固体废物填埋、固体废弃物处置。 2006年9月8日由自然资源与环境署颁布实行条例允许鼓励原料进口。 2006年9月8日由自然资源与环境署颁布实行条例对采矿业的流程、包括初期勘探、评估、矿物处理和报告等进行了规定。 2006年10月12日颁布实行条例对地下水开采进行管理。 2006年12月18日开始执行越南环境标准。 2006年12月26日开始对有害废弃物进行管理。 2006年9月8日起实行环境影响评价和环境保护承诺。 2006年12月12日开始为清洁发展机制CDM项目的实行做准备
	服务提供者的执照及资格要求	没有具体要求
	歧视待遇/最惠国待遇	环保领域，属于特别鼓励类投资项目（生产废物及污染处置设备、环保设备有资格享受减免税（在一般税率为25%的情况下，前15年享受企业所得税减10%，环境领域的企业所得税获得税收获得利润前4年免税，接下来4年减少50%）。 2006年9月8日颁布实行条例禁止使用CFC的冰箱的进口
	外企进入限制	

资料来源：作者根据APEC网站等信息整理。

APEC 环境产品与服务合作对贸易框架下环境规则的影响分析

APEC 作为区域性合作组织,一直致力于推动区域绿色贸易和可持续增长,创始初期便声明其"目标是加强发展合作……使我们更有效地开发亚太地区的人力和自然资源以实现亚洲经济的持续增长和平衡发展"[①]。为实现该目标,APEC 应该"……在环境问题上进行有效合作,对可持续发展做出贡献……"[①]在 APEC 合作历程中,开展环境产品与服务合作成为 APEC 的重要使命,并通过环境产品与服务相关合作影响贸易框架下的环境规则制定。

6.1 APEC 环境产品与服务合作对贸易框架下环境规则制定的影响途径分析

APEC 是最早开展环境产品与服务合作的国际组织之一,环境产品与服务又是 APEC 最早确立开展合作的部门之一。可以说,通过在环境产品与服务领域持续不断开展相关合作,APEC 制定并形成了相关规则,并通过成员以螺旋上升和"轮轴-辐条"效应影响贸易框架下环境产品与服务规则的制定。从某种意义上说 APEC 充当了多边贸易框架下环境产品与服务相关规则制定的"试水池"和"孵化器"。

---

① APEC,《经济领导人共同决定宣言(1994)》。

从 1994 年 APEC 便在环境产品与服务领域开展多种形式的合作活动，在此之后 APEC 成员以 APEC 相关论坛为平台，多次提出关于环境产品与服务贸易自由化的提案，在环境产品与服务贸易自由化呼声高涨之后，相关成员便将 APEC 中关于环境产品与服务贸易合作的相关内容放入双边或多边贸易协定中，以促使"非约束"机制的 APEC 承诺转变为具有"约束"机制的自由贸易协定条款。

在推动环境产品与服务合作"规则化"的过程中，APEC 主要通过两种途径影响贸易框架下环境产品与服务合作规则的制定。

一是 APEC 借助螺旋上升的响应链对贸易框架下环境产品与服务合作规则制定产生影响。即：APEC 成员提出想法→在 APEC 取得初步共识→推向多边→返回 APEC 并进一步深化→再次推向多边。究其原因，主要是由于 APEC 采用非约束性的议事原则，因而冲突性和对抗性较弱，同时采用成员提案的模式，由成员提出提案交 APEC 讨论，形成文件，在 APEC 下取得大范围共识后，再将相关内容纳入多边贸易框架之下，并将其固定化和规则化，在多边势头减弱或深化受阻后，又将相关议题纳入 APEC 进一步深化取得共识后再次推向多边场合。例如，在 WTO 多哈回合乏力的背景下，美国等发达成员将推动环境产品与服务贸易自由化的"战场"转向 APEC，在 APEC 下密集提出环境产品与服务合作倡议，使得 APEC 进入了环境产品与服务合作倡议实践期，成员陆续提交包含环境产品与服务在内的贸易投资自由化和便利化 IAP，密集开展环境产品与服务相关的研究或研讨会等活动。在 APEC 环境产品与服务合作初见成效之后，环境产品与服务贸易自由化议题又重回多边 WTO 之下。2007 年，美国、日本、加拿大、欧盟等九个发达成员联合提出了一份包括 162 个六位税号的产品清单（包括废水废物处理设备和零部件、环境监测设备和零部件、太阳能、风力和水力相关设备和零部件），然而该份清单由于基于要价方的贸易利益提出，包含了不少环境利益不明显或者具有多重用途的产品，最终在 WTO 成员间未能达成一致意见，随后 WTO 关于环境产品贸易自由化的讨论陷入僵局。在多边场合推动环境产品贸易自由化举步维艰的背景下，环境产品贸易自由化的议题又重返 APEC，APEC 相关成员力推环境产品降税清单，使 APEC 再次进入了政策和提案密集出台期，在 2012 年 APEC 环境清单达成后，APEC 主要成员又转移"战场"，将精力放在了"约束性"贸易框架下，推动 WTO 启动诸边《环境产品协定》（EGA）谈判。

二是 APEC 通过其成员借助"轮轴-辐条"效应对地区和全球贸易框架下环境产品与服务合作规则制定产生影响。APEC 环境产品与服务的合作直接推动了 WTO 重启环境产品降税谈判，将降税涵盖的区域范围从 APEC 成员间拓展到 WTO 成员间。1998 年 APEC 制定和提出了一份包含 109 个 6 位海关税号（含重复税号）的环境产品示范清单，但是由于该清单涉及产品较多，且存在一定的争议，因而并未在 WTO 中进一步讨论，但是 APEC 并未停止推动环境产品降税的努力，在中国、美国等成员的努力下，2012 年 APEC 最终达成了一份用于降税的 54 个 6 位税号的环境产品清单，各成员领导人承诺于 2015 年年底前将清单上的产品关税降至 5%及以下。在 APEC 环境产品清单达成的鼓舞下，2014 年 1 月在达沃斯论坛上以 APEC 成员为主体的 14 个 WTO 成员宣布启动环境产品全球贸易自由化的谈判，并以 2012 年 APEC 达成的环境产品清单为基础。可见 APEC 对 WTO 重启 EGA 谈判起着关键性的作用，APEC 采用的清单列举法和 21 个成员达成的环境产品清单为 WTO 谈判和重塑多边规则奠定了基础。同时，APEC 环境产品和服务合作通过成员签署的自由贸易协定呈"轮轴-辐条"状推动了 APEC 区域外成员环境产品与服务贸易自由化，并确立了环境产品与服务合作的相关规则。例如，同为 APEC 成员的美国、韩国等在 APEC 内不断倡议环境产品与服务合作，随后又与非 APEC 成员签订 FTA 时将环境产品与服务合作条款放入环境章节文本中，进而又推动了这些地区环境产品与服务贸易自由化，如图 6-1 所示。

从上述分析可以看出 APEC 在推动环境产品和服务合作方面发挥了较大的作用，通过 APEC 成员→共识→多边→APEC 深化→多边螺旋上升的链式逻辑，并借助"轮轴-辐条"效应推动和影响区域或多边贸易框架下环境产品和服务合作的规则制定。

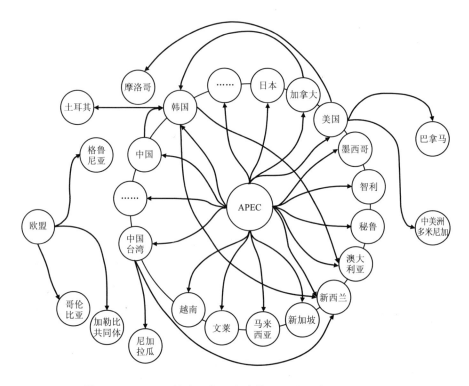

图 6-1　APEC 环境产品与服务合作"轮轴-辐条"效应示意

6.2　APEC 环境产品与服务合作对贸易框架下环境规则制定影响结果分析

通过螺旋上升和"轮轴-辐条"效应，APEC 对贸易框架下环境产品与服务规则制定产生了重要的影响，其影响结果主要体现在两个层面。

6.2.1　多边（WTO）层面

APEC 持续多年开展环境产品与服务合作，在相关合作取得成效，即获得 APEC 成员共同认可后，APEC 的成果将在多边（WTO）贸易框架下得到进一步推广，以期使更多贸易成员接受 APEC 达成的相关成果，并进一步将成果通过规则的形式固化下来。在影响多边 WTO 框架下环境产品与服务合作规则制定最明显的例子是对 WTO 框架下 EGA 谈判的影响。

APEC 于 2012 年达成了全球首份用于降税的环境产品清单，这一成果是 APEC 多年推动环境产品与服务合作的结果，直接推动了 WTO 重启环境产品诸边贸易协定谈判，对多边贸易框架下环境产品与服务合作的规则制定产生了重要影响，体现在以下 4 个方面：

发起 EGA 谈判的 WTO 成员主要来自 APEC。在发起 EGA 谈判的 14 个 WTO 成员中，有 10 个成员来自 APEC，可见 APEC 成员对于推动 WTO 框架下 EGA 谈判起到了重要作用。

EGA 谈判是以 2012 年达成的 APEC 环境产品清单为基础进行的。EGA 确定了以 APEC 环境产品清单为基础开展谈判。

EGA 谈判直接采用了 APEC 环境产品谈判模式。EGA 采纳了 APEC 谈判中使用的清单法列出各成员提名的环境产品。

EGA 参考了 APEC 环境产品降税模式。APEC 达成用于降税的环境产品清单后，承诺通过成员努力在 2015 年年底前将清单产品关税降低至 5% 及以下，EGA 谈判参考了 APEC 的降税模式。

APEC 除在环境产品领域发挥了对多边贸易框架环境产品合作规则制定的影响作用外，在环境服务领域 APEC 也通过开展相关合作，如识别环境服务的非关税壁垒、筛选环境服务贸易自由化最佳实践案例等方式对多边贸易框架下，如 TISA 谈判环境服务合作规则的制定产生影响。

可见，APEC 环境产品和服务是 WTO 环境议题谈判的重要基础。

6.2.2 双边或区域（RTA/FTA）层面

APEC 环境产品与服务合作对双边贸易框架下环境规则的影响主要体现在制定环境措施示范文本，通过促成 APEC 成员对环境措施文本形成规则层面上的一致意见后，借助成员在签署双边贸易协定时的"轮轴-辐条"效应，进而影响区域贸易框架下的环境规则制定。

（1）环境措施文本内容

早在 2005 年 APEC 领导人就提出将推广高质量的 RTA 和 FTA，并将其视作实现茂物目标的重要途径之一，领导人在宣言①中指出："我们赞同高标准的 RTAs/FTAs 是实现自由和开放贸易的重要途径，呼吁开展工作以期实现本区域高标准、透明和广泛一致性的 RTAs/FTAs。我们也欢迎制定针对 RTAs/FTAs 的 APEC 贸易便利化示范措施（model measures），这将成为 RTAs/FTAs 谈判的重要参考……我们呼吁在 2008 年前制定出尽可能多的针对 FTA 章节的一致性示范措施……"为落实 2005 年领导人宣言中提出的"制定出尽可能多的针对 FTA 章节的一致性示范措施"任务，APEC 开展了大量的工作，在贸易投资委员会（CTI）2008 年年报中 CTI 将"高质量区域贸易协定/自由贸易协定（RTAs/FTAs）"列为优先工作领域，并指出到 2008 年 CTI 共提出了 15 个 RTAs/FTAs 的示范措施文本，其中就包括了环境措施，而在环境措施中，环境产品与服务合作是其中重要的一条内容。作为 2008 年一个重要成果，关于环境的示范措施在当年 5 月底的会议上得到了 APEC 贸易部长背书。该示范措施文本共 5 条，涵盖了目标、原则和承诺、合作、制度安排以及磋商 5 个方面，文本内容如表 6-1 所示。

表 6-1　APEC 环境示范措施（Model Measures）文本（2008）

1. 目标
——提升贸易和环境的相互支持。
——鼓励成熟的环境政策和实践，并提升包括非政府部门在内的成员相关能力以解决环境问题
2. 原则和承诺
——重申各方对自然资源的主权，强调各方有根据自己优先领域建立、调整和实施自己环境法律、法规和政策的权利。
——认识到各方有效实施各自环境法律和法规的重要性，并且这些法律、法规包含公平、公正和透明的公众参与机制。
——重申缔约方应在与自身国内法律、法规和政策保持一致的情况下持续追求高水平的环境保护。
——认识到各位成员的 MEAs 在全球和国内环境保护中的重要作用；相应地，各自实施这些协定对于实现环境目标非常关键。
——同意通过制定或使用环境法律、法规、政策和实践来保护贸易是不恰当的。

① APEC. Leader's Declaration 2005[DB/OL]. http://www.apec.org/Meeting-Papers/Leaders- Declarations. aspx. 2016-05-20.

——同意降低、不实施或实施环境法律和法规来鼓励贸易和投资是不恰当的。

——鼓励环境产品和服务贸易。

——提升公众对各自国内环境法律、法规和实践的认识，同时提升环境意识和教育

3．合作

制定在该领域支持缔约方合作和能力建设的框架。

——在考虑优先领域和可用的人力及财力资源背景下，通过各方政府、企业部门、教育部门、研究机构和其他非政府机构互动，就双方同意的全球或国内环境问题进行合作。

——在谈判过程中，纳入双方决定的活动。

——基于案例基础，决定合作活动的资金。

——在识别潜在合作领域和实施双方同意的合作活动时邀请缔约各方非政府部门和其他组织参与。

——在适当时，鼓励和促进以下活动：

● 支持联合项目以及环境技术和时间，包括项目、研究和报告；

● 专家、技术和人员交流；

● 促进来自政府、研究机构和企业代表间的联系；

● 组织联合会议、研讨会、工作组、培训以及教育项目；

● 技术信息、出版物和规章的交流；

● 关于环境项目信息交流和磋商；

● 关于环境制度、规制和实施的经验、路径交流；

● 增强在提升公众环境保护意识和参与环境保护方面的合作；

● 各方决定的其他形式的合作。

——在决定未来合作方向时衡量合作实施的效果

4．制度安排

制定促进环境章节实施的制度框架。

——指定联络点和/或环境委员会以促进本章节所引发事务的沟通。该机制包括：

● 针对常规事务的会见和交流。

● 负责：协调环境章节的实施；作为双方针对共同感兴趣的环境相关事务对话的论坛；考虑潜在合作领域；监督工作和其他联合行动的进展。

● 在适当时，向 RTA/FTA 相关机构进行汇报。【该建议应根据采取的机制模式调整】

——在需要时，与公众和/或非政府机构就实施本章引起的事务进行协商。

——在需要时，根据各自相关法律、法规和实践，建立机制以知晓公众为实现本章目标所采取的行动

5．磋商

——采用可能的方式对本章的解释和实施达成一致。

——致力于通过对话、协商和合作友善和真诚解决可能在缔约方之间就本章节的应用和实施所产生的任何事项

资料来源：2008 Annual Report to Ministers，CTI，APEC.

　　尽管环境产品与服务直接相关的条款仅有一条，即：原则和承诺条款下的"鼓励环境产品和服务贸易"，但是许多其他条款也间接与环境产品与服务合作相关。如："重申缔约方应在与自身国内法律、法规和政策保持一致的情况下持续追求高水平的环境保护"。尽管该条款字面上只是对国内追求高水平的环境保护做出承诺，但要实现高水平的环境保护必须对污染进行治理，而这个过程势必离不开环境产品与服务；又如：合作条款、制度安排和磋商条款，这三个条款属于一般性条款，即环境措施的所有议题这三个条款均能涉及，因而势必也能影响环境产品与服务相关合作。因此，可以说在 2008 年 APEC 制定的环境措施示范文本中，除了直接提及环境产品与服务贸易的条款外，其他条款大部分和环境产品与服务合作间接相关。

　　（2）对区域层面环境规则制定的影响

　　APEC 制定环境章节示范措施文本为各经济体开展 RTA/FTA 谈判提供参考，并有益于促进 APEC 区域内 RTA/FTA 环境规则的一致性。通过分析 APEC 环境措施示范文本制定后，APEC 成员在自由贸易协定中环境规则制定的实践（见表6-2）可以发现，该环境措施示范文本对亚太地区贸易框架下环境规则的制定产生了重要的影响。

　　从数量上看，APEC 大多数成员环境规则制定时受到了 APEC 的影响。首先，涵盖环境章节的自由贸易协定大多能看见 APEC 成员的身影。根据统计，在已签署的 38 个涵盖环境章节的自由贸易协定中，有 87%的自由贸易协定有 APEC 成员作为其中缔约一方。其次，在 APEC 的 21 个经济体中，除印度尼西亚、菲律宾等经济体外，有 17 个经济体参加了至少一个涵盖环境章节的 FTA，占比约为 81%，可见 APEC 成员对于自由贸易协定中涵盖环境章节的认识高度一致。最后，在 APEC 成员参与的涵盖环境章节的 FTA 中，约半数是 APEC 成员之间签署的 FTA。

　　从时间上看，APEC 大部分成员在贸易框架下环境规则制定的时间晚于 APEC 制定的环境措施示范文本。除美国早期签署的 8 个涵盖环境章节 FTA 时间早于 2008 年 APEC 环境措施示范文本外，其余 APEC 成员签署的涵盖环境章节的自由贸易协定均在 APEC 公布环境措施示范文本之后，从规则制定角度上来讲，APEC 成员在自由贸易协定谈判实践时还是受到了 APEC 较大的影响。

从内容上看，APEC 成员签署的 FTA 环境章节内容与 APEC 环境措施示范文本高度一致。将 APEC 成员在 2008 年后 APEC 环境措施示范文本公布后签署的涵盖环境章节 FTA 与 APEC 文本进行对比分析，如表 6-2 所示。可以看出 APEC 环境措施示范文本中的要素在 APEC 成员签署的 FTA 环境章节中均能找到，其中，除"提升公众环境意识"条款，其他 APEC 环境措施示范文本条款占样本数约半数以上，特别是"合作"和"制度安排"条款在统计的 24 个 APEC 成员签署涵盖环境章节的文本中均能找到。再结合不同成员来看，成员签署的 FTA 环境章节条款除涵盖 APEC 环境措施示范文本中的条款外，还根据缔约双方具体环境需求进行了增减。如中国-韩国自由贸易协定中加入了贸易环境影响评价条款，TPP 中增加了生物多样性保护、臭氧层保护、自愿环境绩效机制等内容，而在韩国-欧盟自由贸易协定中则加入了可持续性影响评价条款，等等。

（3）对区域层面环境产品与服务合作规则制定的影响

具体到影响区域层面环境产品与服务合作规则制定方面，APEC 通过在环境措施示范文本中制定环境产品与服务贸易领域相关规则，将合作成果固化，并通过 APEC 成员在双边领域进一步巩固，借助"轮轴-辐条"效应，影响区域贸易框架下环境产品与服务合作规则的制定。

尽管 APEC 将推动环境产品与服务贸易条款写入到环境措施示范文本中，但是 APEC 成员在区域贸易层面制定环境产品与服务合作规则时并不完全遵循 APEC 的形式。

在具体实践中，有成员将环境产品与服务合作条款放入合作条款中，如日本-墨西哥自由贸易协定；也有成员将其放入附属环境协定中，如中美洲自由贸易协定（CAFTA-DR）。但是更多的成员是将环境产品与服务合作条款放入环境章节中，因此本章对 APEC 成员签署自由贸易协定环境章节中的环境产品与服务合作条款情况进行分析，结果如表 6-3 所示。

表6-2 2008年后APEC成员签署FTA环境章节文本与APEC环境措施示范文本（2008）对比分析表

APEC环境措施示范文本	US						CA						EU				KR			CN		CT	CH		CE	统计/%
	OM	PR	CL	KR	PN	TPP	PR	CL	JD	PN	HD	KR	PF	KR	CP	PR	TK	AU	NZ	SW	KR	NZ	EFTA	CH		%
目标	○	✓	✓	✓	✓	✓	✓	✓	✓	✓	✓	✓	✓	✓	✓	✓	✓	✓	✓	✓	✓	✓	✓	✓	✓	79
原则和承诺	○	○	○	○	○	○	○	○	○	○	○	●	○	○	○	○	○	○	●	○	○	○	✓	○	✓	-
-重申主权（自由裁量权）	✓	✓	✓	✓	✓	✓	✓	✓	✓	✓	✓	✓	✓	✓	✓	✓	✓	✓	✓	✓	✓	✓	✓	✓	✓	88
-实施和公众参与	✓	✓	✓	✓	✓	✓	✓	✓	✓	✓	✓	✓					✓	✓	✓				✓			63
-环境保护水平	✓	✓	✓	✓	✓	✓	✓	✓	✓	✓	✓	✓	✓	✓	✓	✓	✓	✓	✓	✓	✓	✓	✓	✓	✓	92
-MEAs	✓	✓	✓	✓	✓	✓	✓	✓	✓	✓	✓	✓		✓			✓	✓	✓				✓	✓	✓	71
-不得将环境措施用于贸易保护	✓					✓								✓										✓	✓	42
-不得降低环保保护吸引贸易、投资	✓	✓	✓	✓	✓	✓	✓	✓	✓	✓	✓	✓	✓	✓	✓	✓	✓	✓	✓	✓	✓	✓	✓	✓	✓	96
-鼓励环境产品和服务贸易		✓	✓	✓	✓	✓	✓	✓	✓	✓	✓	✓					✓						✓			50
-提升公众环境意识												✓											✓	✓		17
合作	✓	✓	✓	✓	✓	✓	✓	✓	✓	✓	✓	✓	✓	✓	✓	✓	✓	✓	✓	✓	✓	✓	✓	✓	✓	100
制度安排	✓	✓	✓	✓	✓	✓	✓	✓	✓	✓	✓	✓	✓	✓	✓	✓	✓	✓	✓	✓	✓	✓	✓	✓	✓	100
磋商	✓	✓	✓	✓	✓	✓	✓	✓	✓	✓	✓	✓	✓	✓	✓	✓	✓	✓	✓	✓	✓	✓	✓	✓	✓	75

注：表中 US 指美国，OM 指阿曼，PR 指秘鲁，CL 指哥伦比亚，TPP 指跨太平洋伙伴关系协定，JD 指约旦，HD 指洪都拉斯，CA 指加拿大，PF 指巴布亚新几内亚和斐济、CP 指哥伦比亚和秘鲁、EU 指欧盟、TK 指土耳其、AU 指澳大利亚、NZ 指新西兰、CN 指中国、SW 指瑞士、CT 指中国台湾、CH 指中国香港、CE 指智利。

○表示不完全涵盖，●表示完全涵盖，√表示 FTA 中有对应条款。

资料来源：作者根据协定文本整理得出。

表6-3 APEC 成员已签署 FTA 环境章节中的环境产品与服务（EGS）条款

成员		签署含有环境章节的自由贸易协定	EGS 条款	
数量	名称	生效时间（签署时间）	数量	内容
3	美国-澳大利亚	2005.1.1	—	—
（澳大利亚）	韩国-澳大利亚	2014.12.12	1	条款18.4 有利于环境的贸易 双方应通过包括解决非关税壁垒在内的途径，尽力促进和提升环境产品与服务领域的贸易和投资，包括环境技术，持续再生能源以及能效产品和服务
	TPP	（2016.2.4）	4	条款20.18 环境产品与服务 1. 缔约方认识到环境产品与服务的贸易和投资作为改善环境和经济表现及应对全球环境挑战的重要性。 2. 缔约方进一步认识到本协定对于在自由贸易区内促进环境产品与服务的贸易与投资的重要性。 3. 因此，专门委员会应考虑一个或多个缔约方确定的与环境产品和服务贸易相关的问题，包括被确定为对贸易形成潜在的非关税壁垒的问题。缔约方应努力对应对一缔约方可能确定的任何环境产品和服务的潜在贸易壁垒。专门委员会通过专门委员会相关工作或在适当时与其他相关专门委员会协作。 4. 缔约方可指定与环境产品和服务相关的双边和诸边合作项目，以应对当前或未来与贸易有关的全球环境挑战
文莱	1	TPP	（2016.2.4）	4	同上

签署含有环境章节的自由贸易协定

成员		数量	名称	生效时间 (签署时间)	EGS 条款	
					数量	内容
加拿大	8		NAFTA	1994.1.1	—	—
			加拿大-秘鲁	2009.8.1	—	—
			加拿大-哥伦比亚	2011.8.15	—	—
			加拿大-约旦	2012.10.1	—	—
			加拿大-巴拿马	2013.4.1	—	—
			加拿大-洪都拉斯	2014.10.1	—	—
			加拿大-韩国	2015.1.1	1	条款 17.4 有利于环境保护的贸易 缔约双方应通过包括解决非关税壁垒在内的手段, 努力促进和提升环境产品和服务领域的贸易和投资
智利	3		TPP	(2016.2.4)	4	同上
			美国-智利	2004.1.1	—	—
			中国香港-智利	2014.10.9	—	—
中国香港	2		TPP	(2016.2.4)	4	同上
			中国香港-EFTA	2012.10.1	—	—
			中国香港-智利	2014.10.9	—	—
印度尼西亚	0		—	—	—	—
日本	1		TPP	(2016.2.4)	4	同上
韩国	8		美国-韩国	2012.3.15	—	—
			加拿大-韩国	2015.1.1	1	同上
			欧盟-韩国	2011.7.1	—	—

签署含有环境章节的自由贸易协定

成员	数量	名称	生效时间（签署时间）	EGS条款	
				数量	内容
韩国	8	韩国-秘鲁	2011.8.1	1	条款19.9 有利于环境的技术 缔约双方同意提升清洁和高效技术的发展、传播、接触、使用，适当管理和持有，这些技术包括减少有毒化学气体排放的技术等
		韩国-土耳其	2013.3.1	2	条款5.6 有利于可持续发展的贸易 1. 缔约双方重申贸易应从其所有角度提升可持续发展。缔约双方认识到…… 2. 双方应通过包括削减非关税壁垒等手段在内的贸易和外商直接投资，努力促进和提升环境产品与服务领域的贸易，包括环境技术、可持续再生能源、能效产品和服务以及生态标志产品……
		韩国-澳大利亚	2014.12.12		同上
		韩国-新西兰	2015.12.20	1	条款16.1 目标 本章目标有：…… （C）鼓励为环境产品和服务领域的贸易和投资创造机会……
		中国-韩国	2015.12.20	1	条款16.7 双边合作 …… 二、为推动实现本章目标，并有助于履行本章之下的相关义务，缔约双方确定在以下领域合作： （一）推广包括环境友好环境产品在内的环境服务；……

签署含有环境章节的自由贸易协定

成员		名称	生效时间（签署时间）	数量	EGS 条款	
					数量	内容
马来西亚	1	TPP	（2016.2.4）	4		同上
墨西哥	2	NAFTA	1994.1.1	-		-
		TPP	（2016.2.4）	4		同上
		韩国-新西兰	2015.12.20	1		同上
新西兰	3	中国台湾-新西兰	2013.12.1	2		条款 3 1. 缔约双方认识到通过降低关税和非关税壁垒，促进环境产品与服务贸易能够增强经济表现以及解决表现气候变化，自然资源保护，水土壤及空气污染，废物和废水管理、臭氧层消耗在内的全球环境问题。 2. 相应地，缔约双方应： ①在协定生效后削减环境产品关税； ②在与第 14 章一致前提下，便利化与环境产品销售、运输及安装，或环境服务提供相关商务人员的出入境
秘鲁		TPP	（2016.2.4）	4		同上
		美国-秘鲁	2009.2.1	-		
		加拿大-秘鲁	2009.8.1	-		
	5	欧盟-哥伦比亚-秘鲁	2013.3.1	4		条款 271 有利于可持续发展的贸易。缔约方也认识到 1. 缔约方应当努力促进和提升环境产品与服务领域的贸易和外商直接投资。…… 2. 缔约方重申贸易应当提升可持续发展。缔约方同意提升与环境产品和服务贸易相关的最佳商业实践。…… 3. 缔约方同意提升与企业社会责任相关的最佳商业实践。 4. 缔约方认识到……

签署含有环境章节的自由贸易协定

成员	数量	名称	生效时间（签署时间）	数量	内容
秘鲁	5	韩国-秘鲁	2011.8.1	1	同上
		TPP	（2016.2.4）	4	同上
巴布亚新几内亚	1	欧盟-巴布亚新几内亚-斐济	2009.12.20	-	-
中国	2	中国-瑞士	2014.7.1	3	条款12.3　促进有利于环境的货物和服务传播 一、缔约双方应努力推动和促进有利于环境的货物、服务和技术的投资和传播。 二、为达第一款之目的，缔约双方同意交换意见，并会考虑在此领域的合作。 三、缔约双方将鼓励企业就有利于环境的货物、服务和技术开展合作。
		中国-韩国	2015.12.20	1	同上
菲律宾	0	-	-	-	-
俄罗斯	0	-	-	-	-
新加坡	2	美国-新加坡	2004.1.1	-	-
		TPP	（2016.2.4）	4	同上
中国台湾	2	中国台湾-尼加拉瓜	2008.1.1	1	条款19.08　环境合作 …… 3.缔约双方认识到加强其在环境事务上的合作关系能够增强他们在领土范围内的环境保护，并且可以增加环境产品与服务领域的贸易和投资……
		中国台湾-新西兰	2013.12.1	2	同上

EGS条款

签署含有环境章节的自由贸易协定

成员	数量	名称	生效时间（签署时间）	EGS 条款 数量	EGS 条款 内容
泰国	0	—	—	—	—
美国	14	NAFTA	1994.1.1	—	—
		美国-约旦	2001.12.17	—	—
		美国-智利	2004.1.1	—	—
		美国-新加坡	2004.1.1	—	—
		美国-澳大利亚	2005.1.1		
		美国-摩洛哥	2006.1.1.	1	条款 17.3 环境合作 ……7. 缔约双方认识到增强在环境事务方面的合作关系可以鼓励增加环境产品与服务领域的双边贸易和投资
		美国-中美洲-多米尼加	2006.3.1	1	条款 17.9 环境合作 ……3. 缔约双方认识到增强在环境事务方面的合作关系可以增强各自领土内的环境保护，也可以鼓励增加环境产品与服务领域的贸易和投资
		美国-巴林	2006.8.1	—	—
		美国-阿曼	2009.1.1	—	—
		美国-秘鲁	2009.2.1	—	—
		美国-哥伦比亚	2012.3.15	—	—

成员			签署含有环境章节的自由贸易协定				
	数量	名称	生效时间 （签署时间）	数量	EGS 条款	
					内容	一
美国	14	美国-韩国	2012.3.15	一		—
		美国-巴拿马	2012.10.31	1	条款 17.10 环境合作 …… 3. 缔约双方认识到增强在环境事务方面的合作关系可以增强各自领土内的环境保护，也可以鼓励增加环境产品与服务领域的贸易和投资。 ……	
		TPP	（2016.2.4）	4	同上	
越南	1	TPP	（2016.2.4）	4	同上	

资料来源：作者统计。

从表 6-3 可以看出，APEC 对区域层面环境产品与服务合作规则制定的影响主要由美国、加拿大、韩国等发达成员推动，这些成员在签署的自由贸易协定环境章节中大部分包含了环境产品与服务条款，可以说这些成员是 APEC 推动环境产品与服务合作规则制定的主要动力。

从 APEC 成员签署自由贸易协定环境章节中包含的环境产品与服务合作条款来看，在涉及 APEC 成员的 33 个包含环境章节的自由贸易协定中，有 13 个环境章节包含了环境产品与服务合作条款（未统计环境章节之外其他章节涉及环境产品与服务条款的情况），且大部分签署在 APEC 环境措施示范文本发布之后，可以看出在 APEC 环境产品与服务合作的影响下，新近签订的包含环境章节自由贸易协定中纳入环境产品与服务条款已成为 APEC 成员间签署自由贸易协定新的趋势，未来环境产品与服务条款很可能成为环境章节的固定条款。

从环境产品与服务条款内容来看，其内容主要是通过缔约方之间开展合作来提升环境产品与服务贸易自由化，从而支持可持续发展和绿色发展，这与 APEC 的理念和 APEC 环境措施示范文本中的环境产品与服务合作条款是不谋而合的。因而从表 6-3 的相关统计可以看出，APEC 环境产品与服务合作形成的相关规则通过成员借助"轮轴-辐条"效应逐渐成为双边和多边贸易框架下的环境规则。

6.2.3　案例分析

受 APEC 环境产品与服务合作的推动和影响，在多边层面，14 个 EGA 发起成员有 10 个来自 APEC；在双边层面，APEC 的 21 个经济体中，除印度尼西亚、菲律宾、俄罗斯和泰国外，其他 17 个经济体至少签署了 1 个包含环境章节的自由贸易协定。在这 17 个经济体中，除中国香港和巴布亚新几内亚 2 个经济体外，其余 15 个经济体 FTA 环境章节中直接设置了环境产品与服务合作条款。结合 APEC 环境产品与服务合作规则制定以及成员推动区域环境产品与服务合作规则制定，在上述 15 个经济体中，以美国和韩国为例分析。

（1）美国

在 APEC 环境产品与服务合作规则制定历程中，美国是较为值得注意的案例之一，可以说美国是推动 APEC 环境产品与服务合作规则制定的重要动力，也是将 APEC 环境产品与服务合作规则共识积极推向多边和双边贸易层面的重要推手。主要体现在以下几个方面：

一是美国在推动 APEC 环境产品清单达成和 EGA 谈判中发挥了引领作用。在 2012 年以前，美国为推动环境产品贸易自由化，以 APEC 为平台开展了多种活动，例如 1998 年美国推动 APEC 制定和提出了一份包含 109 个 6 位海关税号（含重复税号）的环境产品示范清单，并于 2011 年在美国夏威夷召开的 APEC 领导人峰会上促成领导人就环境产品降税达成一致意见，同时推动了 2012 年 APEC 环境产品清单的制定。在 APEC 环境产品合作取得阶段性成果后，美国曾在多个场合表达要进一步巩固 APEC 成果，推动 WTO 下环境产品降税谈判，并联合中国等 APEC 成员在 2014 年宣布启动 EGA 谈判。

二是美国在 APEC 环境措施文本制定前已在自由贸易协定环境章节中纳入了环境产品与服务合作条款。美国早在 2006 年签署的美国-摩洛哥、美国-中美洲-多米尼加自由贸易协定中就已经在环境章节中纳入了环境产品与服务合作条款，尽管只是简单提及合作对于环境产品与服务贸易和投资的重要性，但无疑体现了美国在推动环境产品与服务合作方面的意愿。

三是美国牵头谈成的 TPP 涵盖众多 APEC 成员，环境产品与服务合作条款最为丰富。拥有一半以上 APEC 成员的 TPP 在美国的主导下包含了大量环境产品与服务内容，而且这些内容很多起源于 APEC 环境产品与服务，可以说 TPP 中的环境产品和服务合作规则既反映了 APEC 现有的成果，又代表了未来 APEC 推动环境产品和服务合作的可能方向。从 TPP 中的环境产品和服务条款可以看出：TPP 将环境产品和服务作为单独的一条放入环境章节体现了环境产品与服务的重要性；TPP 中环境产品和服务条款内容丰富，既有宣誓性内容，又有实质性内容；TPP 环境产品和服务条款不仅提出了实质性的合作内容，同时也提出了解决环境产品与服务领域非关税壁垒的具体措施。

（2）韩国

韩国也是 APEC 中较为积极推动环境产品与服务合作的成员之一，除积极推动 APEC 环境产品清单达成并发起 EGA 谈判外，韩国在双边层面也在积极探索和推动环境产品与服务合作规则的制定，并起到了承接的作用，是"轮轴-辐条"效应中的关键点。

一是韩国自由贸易协定环境章节中大多数提到了环境产品与服务合作。在韩国签署的设立独立环境章节的 8 个自由贸易协定中，有 6 个设置了环境产品与服务条款，该比例在 APEC 成员中算是较高的，这可以看出韩国对区域贸易框架下环境产品与服务合作规则制定方面还是较为重视的。

二是在现有韩国签署的自由贸易协定中环境章节未单独设置环境产品与服务条款。尽管韩国在多数自由贸易协定环境章节中设置了环境产品与服务合作的相关规定，但是这些规定在环境章节中并未成为单独的一条，要么放在合作（或技术）条款下，要么放在有利于可持续的贸易条款下。

三是韩国环境产品与服务合作规则制定形式根据缔约对象不同而不同，形式多样。韩国自由贸易协定环境章节中对环境产品与服务合作未设置统一的模板，而是根据不同的缔约对象选取不同的形式，如在与加拿大、秘鲁、土耳其以及澳大利亚等签署的自由贸易协定中将环境产品与服务内容放在有利于环境贸易条款之下，而在韩国-新西兰以及中国-韩国自由贸易协定中则放在其他条款之下。

6.3 APEC 环境产品与服务合作及贸易框架下环境规则影响的原因分析

作为亚太地区最大区域性合作组织的 APEC 成员长期积极推动环境产品和服务合作，并进一步就环境规则制定开展相关活动。近几年，APEC 相继在环境规则制定以及环境产品降税方面取得了阶段性成果，并通过"链式逻辑"和"轮轴-辐条"效应对贸易框架下的环境规则产生了巨大影响，究其原因如下：

（1）APEC 自身宗旨和合作原则决定其成为环境规则"孵化器"

在尊重亚太地区差异性和多样性共识下，APEC 确立其宗旨为："相互依存，共同受益，坚持开放性多边贸易体制和减少区域内贸易壁垒。"在此宗旨下，开展环境产品与服务合作符合"减少区域内贸易壁垒"的宗旨，而制定规则也符合"共同受益"的原则，因此 APEC 存在通过开展环境产品与服务合作确立区域贸易框架下环境规则的内生动力。另外，相较 WTO 等贸易组织侧重规则谈判和决策的机制，APEC 框架下的合作则更加侧重原则与规范。基于其开放性、灵活性和渐进性原则，再加上 APEC 成员较少和非正式性，在 APEC 下开展环境议题相关合作，其方式较为灵活，也相对容易达成一致性意见。再加上，APEC 决策机制具有平等性和非垄断性，冲突性和对抗性较弱，特别是一直以来秉承自愿而非强制的议事原则，因而 APEC 常常被认为是推进环境相关议题合作的"新想法孵化器"。

（2）APEC 成员体量和构成决定其有能力影响贸易框架下环境规则的制定

APEC 经过二十多年的发展，已逐渐演变为亚太地区重要的经济合作论坛，也是亚太地区最高级别的政府间经济合作机制。其 21 个成员涵盖了亚太地区最主要的经济体，成员人口占全球人口 40%，经济产值约占世界的 60% 和贸易额占全球近一半以上。从成员构成上来看，既包括了美国、澳大利亚、加拿大等发达成员，也包括了众多发展中成员，还包括韩国等新兴市场成员，具有较强的代表性、多层次性和复杂性，在 APEC 内通过环境产品与服务合作达成的贸易框架下环境规则反映了成员广泛的利益，并能从经济和贸易体量上对 APEC 之外的经济体产生影响，因此无论从"量"还是从"质"上都使 APEC 具有影响贸易框架下环境规则制定的能力。

（3）环境产品与服务特点决定其能影响贸易框架下环境规则制定

贸易框架下环境规则包括多个方面，如环境保护水平、多边环境协定与贸易协定的协调等，但是 APEC 仍从环境产品与服务合作开始影响贸易框架下环境规则的制定，主要是由环境产品与服务的特点决定的：一是环境产品与服务相对其他环境规则议题而言政治敏锐性低，易于 APEC 成员之间进行讨论和合作；二是环境产品与服务兼具贸易和环境属性，适合在贸易框架下展开讨论，并将成果固化为规则；三是环境产品与服务自由化既有利于区域贸易增长，又有利于区域环境治理，因而 APEC 各成员愿意就此开展合作并确定相关规则。

7 中国参与 APEC 环境产品与服务合作初步研究

作为 APEC 的 21 个经济体中的重要一员，中国积极参与 APEC 相关活动，并提出建设性倡议，引领 APEC 发展方向。在推动区域绿色增长方面，中国在参与并主导 APEC 环境产品与服务领域各项相关合作，发挥了积极的引领作用并取得了建设性的成果。

7.1 中国参与 APEC 的相关情况

7.1.1 中国加入 APEC 的相关背景

尽管中国目前在 APEC 中占据重要一席，但是中国最初加入 APEC 的历程并不是一帆风顺的。1989 年 APEC 成立之时中国并未加入 APEC。然而，由于中国在亚太地区的重要地位使得 APEC 创始成员发现亚太地区的区域合作离不开中国的参与，因此很快在 1990 年新加坡召开的 APEC 第二届部长级会议上发表了联合声明，提出欢迎中国加入这一组织。1991 年中国加入 APEC。

从 1991 年开始中国每年都派出代表团参加 APEC 双部长会议和高官会，从 1993 年起中国领导人每年都要出席 APEC 领导人非正式会议，并按 APEC 要求和自身需求参加 APEC 一系列活动，并在这些会议场合和活动中表明对相关政策的立场和态度。

7.1.2 中国参与 APEC 历程分析

中国参与 APEC 相关活动与 APEC 自身发展阶段是密不可分的，在不同的阶段，中国参与的方式以及发挥的作用也是有所差别的，根据 APEC 在不同时期的重点以及中国的相关参与，将中国参与 APEC 划分为以下三个阶段。

（1）摸索适应阶段（1991—1993 年）

该阶段正处于 APEC 刚建立不久的时期，APEC 的各项规则和制度处于不断完善之中。第一、第二届双部长会议上，APEC 确定设立十个专题工作组开展具体合作。1991 年 APEC 通过《汉城宣言》，其作为 APEC 的基本章程，首次对 APEC 的宗旨、原则、活动范围、加入标准等做了规定。1992 年的曼谷会议决定在新加坡设立 APEC 秘书处，由各成员认缴会费，使 APEC 在组织结构上进一步完善。同时，由于 APEC 是中国加入的第一个政府间区域性经济合作组织，对于相关的国际规则中国并不十分熟悉，需要通过不断摸索才能逐步适应，因此这一阶段中国并未提出针对 APEC 的政策性意见。

（2）有所作为阶段（1993—2001 年）

APEC 在确立了基本框架后，开始进一步完善和发展自身。自 1993 年 APEC 从部长级会议升格到经济体领导人非正式会议后，相关发展进程加快。1993—1997 年这 5 年 APEC 每年都有新的进展，解决了区域合作所面临的不同问题，成为 APEC 进程中的"五部曲"：1993 年，APEC 解决了"不应该做什么"的问题，即确定 APEC 协商式经济合作组织的性质；1994 年，APEC 解决了"应该做什么的问题"，确定了 APEC 发展的目标，即发达成员与发展中成员分别于 2010 年、2020 年达到贸易投资自由化和便利化，这一目标也被称为"茂物目标"；1995 年，APEC 解决了"应该怎么做"的问题，该年 APEC 发表了《执行茂物宣言的大阪行动议程》，制订了实现茂物目标的具体原则和内容，该议程分为贸易投资自由化和便利化、经济技术合作两个部分，确定了推动 APEC 合作的两个"车轮"；1996 年，APEC 解决了从憧憬到规划的问题，确立了以自主自愿、协商一致为原则的 APEC

合作方式，呼吁各方给予经济技术合作应有的重视，并把私营部门纳入 APEC 进程；1997 年，APEC 解决了如何向前加速与目标实现的问题，各成员积极落实"茂物目标"及"大阪行动议程"中在各领域的承诺，并以 IAP 和集体行动计划相结合方式推动贸易投资自由化便利化和经济技术合作，并取得了丰硕成果，如表 7-1 所示。

表 7-1 APEC 进程中的"五部曲"

年份	相关成果	解决问题
1993	将合作提高至经济领导人会议层次，同时初步奠定了 APEC 协商式经济合作组织的性质	解决"APEC 不应该做什么"
1994	确定了 APEC 发展的目标，即发达成员与发展中成员分别于 2010 年、2020 年达到贸易投资自由化和便利化。这一目标也被称为"茂物目标"	解决"APEC 应该做什么"
1995	发表了《执行茂物宣言的大阪行动议程》，制订了实现茂物目标的具体原则和内容	解决"APEC 应该怎么做"
1996	确立了以自主自愿、协商一致为原则的 APEC 合作方式，呼吁各方给予经济技术合作应有的重视，并把私营部门纳入 APEC 进程	制定具体的合作蓝图，完成从憧憬到行动的规划
1997	各成员积极落实"茂物目标"及"大阪行动议程"中在各领域的承诺，并以 IAP 和集体行动计划相结合的方式推动贸易投资自由化便利化和经济技术合作，并取得了丰硕成果	加速与实现

资料来源：作者根据 APEC 网站及相关文献资料搜集整理。

中国经历初期适应 APEC 规则之后，开始在 APEC 积极参与各项活动，并在规则制定方面发挥中国应有的作用，特别是 APEC 合作方式的形成过程中，中国"小试牛刀"，表达了中国的立场和观点，发挥了积极的、重要的作用。在 APEC 提出"茂物目标"后，如何实现这些目标就涉及 APEC 的合作方式（模式）问题，在 APEC 成员中出现了"美国方式"和"东盟方式"之争。对此中国从自身国情和利益出发，开始在 APEC "初试牛刀"。1993 年 11 月 20 日，中国在西雅图会议中，提出了中国对 APEC 合作方式的主张："区域经济合作要遵循相互尊重、平等互利、彼此开放、共同繁荣的原则。在具体做法上，要从本地区的实际和特点出发，循序渐进、多边与双边相结合，开展多种形式、多层次和多渠道的合作，不断开拓本地区经济发展的新局面。"并提出中国对未来亚太经济合作的五项原则，即："相互尊重、协商一致；循序渐进、稳步发展；相互开放、不搞排他；广泛合作、互利互惠；缩小差距、共同繁荣。"最终，在汲取各方成员意见的基础上，1996 年 APEC 确立了合作方式，即"承认多样化，强调灵活性、渐进性和开放性，遵循相互尊重、平等互利、协商一致、自主自愿的原则"。可以说，在 APEC 合作方式的确立上中国积极发出了自己的声音，并发挥了重要的作用。

（3）积极作为阶段（2001 年至今）

在 APEC 舞台上"崭露头角"后，中国逐渐掌握了相关国际组织规则，并在 APEC 中熟悉应用这些规则来表达中国立场，反映中国利益。特别是在 2001 年和 2014 年中国成功举办了 APEC 上海会议和北京会议，使得中国在应用 APEC 规则方面得心应手，在 APEC 相关活动方面中国开始积极作为。

2001 年中国组织举办了 APEC 上海会议并在年末正式加入 WTO，中国在 APEC 的地位进一步提高。在上海会议上，为了积极有效推进茂物目标，同时盘点已经取得的成绩以及存在的不足，有利于推进茂物目标按时实现，提出 2005 年对茂物目标进行中期评估。这为同期 APEC 相关工作的开展指明了方向。

继 2001 年之后，2014 年在中国第二次主办了 APEC 会议，在 APEC 规则方面中国应用得更加娴熟，会议提出主题为"共建面向未来的亚太伙伴关系"，主要讨论领域包括三方面："推动区域经济一体化""促进经济创新发展、改革与增长""加强全方位基础设施与互联互通建设"。2014 年的会议取得了令人瞩目的成果，尤其是在推进亚太自由贸易区建立方面取得了实质性进展。此后，中国积极推动 APEC 北京会议上达成的相关成果，如推动"北京路线图"的落实，继续推动各个部门贸易自由化和便利化等。

7.1.3　中国参与 APEC 的特征分析

中国通过参与 APEC 相关合作，在亚太地区区域合作中发挥了重要作用。作为转型经济体和 APEC 重要成员，中国参与 APEC 具有自身特征：

一是坚持 APEC 方式和原则。中国参与 APEC 各项合作始终在互利、合作、自愿、平等的基础上协调与 APEC 成员之间的经贸关系，持续推动 APEC 贸易投资自由化、便利化进程。

二是积极推动 APEC 成员能力建设。在参与 APEC 相关合作中，中国始终强调加强 APEC 经济技术合作的力度，主张 APEC 中的发达成员通过各种形式，切实帮助发展中成员改善获得先进技术和培养人才的能力。在 APEC 中国年的主要议题中，提出加强能力建设，开拓未来发展机遇的设想，这对 APEC 今后发展非常重要。

7.2　中国参与 APEC 环境产品与服务合作分析

中国一直积极参与国际上与环境相关的事务，也十分关注环境与贸易问题。在 APEC 框架下，中国积极参与环境产品与服务事务并推动开展环境产品与服务合作。在 APEC 开展环境产品与服务合作过程中，中国基于推动可持续发展的考虑，积极参加 APEC 各项环境产品与服务合作活动，主要体现在以下六个方面。

（1）积极参加了历次 APEC 环境部长会议

在 APEC 历史上，分别于 1994 年、1996 年、1997 年以及 2012 年在加拿大温哥华、菲律宾马尼拉、加拿大多伦多和俄罗斯哈巴罗夫斯克召开了环境部长会议，会议议题广泛，许多讨论的议题均是当年的热点环境问题，APEC 环境部长就这些议题进行了积极讨论，并提出了相关行动倡议，特别是在 1994 年环境部长会议上提出了 APEC 环境愿景声明，这为 APEC 开展环境产品与服务相关活动奠定了基础。中国积极参加了这四次环境部长会议，每次会议中国均派出部长级代表与会，并进行了相关发言，表达了中国观点、阐述了中国立场，取得了积极的效果（见表 7-2）。

表 7-2　中国参与 APEC 历次环境部长会议情况

会议名称	时间	地点	主要内容	中国参与
APEC 关于可持续发展的环境部长会议	1994 年	加拿大温哥华	APEC 环境部长讨论并发表环境愿景声明，奠定 APEC 环境与贸易问题讨论基础，会上还讨论了环境技术、环境教育、环境信息等问题	会上作了《区域环境合作应效力于可持续发展》主体发言，提出区域环境合作的一些基本主张，为推动本次会议取得积极成果，促进区域环境合作发挥了重要作用
APEC 可持续发展部长会议	1996 年	菲律宾马尼拉	会议重点讨论了可持续城市、清洁生产和可持续海洋等议题。会议最后通过了《APEC 可持续发展行动计划》及《可持续发展部长宣言》。其中，《行动计划》包括可持续城市及城市管理、清洁生产和清洁技术及海洋环境的可持续性等方面。其目的主要是促进 APEC 各经济体在该领域开展合作。《部长宣言》则重申了各经济体共同关心的可持续发展问题，部长们认识到可持续发展问题是实现《大阪行动议程》的重要环节，要把环境保护和可持续发展融入贸易投资自由化、贸易投资便利及经济技术合作中去	中国参与了该次会议，并在会上与其他成员联合发布了部长宣言

会议名称	时间	地点	主要内容	中国参与
APEC 关于可持续发展的环境部长会议	1997 年	加拿大多伦多	会议审议了可持续城市、清洁生产、可持续海洋环境及人口和经济增长对粮食、能源和环境的影响。会议最后通过了 APEC 可持续发展环境部长会议联合声明、APEC 可持续城市行动计划、APEC 清洁生产战略及解决 APEC 海洋环境可持续性战略。最后部长联合声明提交给 11 月在温哥华召开的 APEC 领导人非正式会议	会上阐述了我国对上述几个议题的见解，同时宣布，中国亚太经济合作环境保护中心已于 6 月 5 日正式对 APEC 成员开放，欢迎各成员到该中心开展人员培训、研讨、信息交流及合作研究活动，并邀请各成员派代表参加
APEC 环境部长会议	2012 年	俄罗斯哈巴罗夫斯克	会议围绕生物多样性保护、自然资源可持续利用、水资源可持续管理及跨境水道、跨界大气污染及气候变化、绿色增长等议题进行了深入讨论，并发表了《2012 年 APEC 环境部长会议哈巴罗夫斯克声明》	在会上做了题为《保护环境促进绿色发展》的发言，介绍了我国建设资源节约型、环境友好型社会，发展绿色经济，推动环境保护历史性转变和松花江流域水污染防治等方面采取的重要举措和取得的显著成绩，得到了俄罗斯和其他与会代表高度评价

资料来源：作者根据 APEC 网站及相关文献资料搜集整理。

（2）积极参加了 APEC 部门自愿提前自由化中环境产品与服务谈判以及其他环境产品与服务事务工作

APEC 的部门自愿提前自由化（early voluntary sectoral liberalization，EVSL）由 APEC 成员协商一致的情况下先定一些对 APEC 地区贸易和经济增长有积极作用或者得到产业部门较广泛支持的部门，由成员在自愿的基础上，通过逐渐削减关税和减少非关税措施，提前实现自由化。该倡议是由亚太经济合作组织 1995 年领导人非正式会议提出。1997 年贸易部长会议明确要求 APEC 高官提出实现自由化的部门并向领导人报告。根据领导人和部长们的要求，APEC 各成员共提出了 62 个部门建议。高官会根据贸易影响、受支持程度、利益平衡三项原则，从中选出 15 个部门，供部长们决定。部长级会议经过艰苦磋商，决定首批挑选包括环境在内的 9 个部门提前实施自由化。中国也积极参与 APEC 部门自愿提前自由化工作，根据自主自愿、协商一致、利益平衡等基本原则和茂物两个时间表精神，结合国内有关产业部门的实际情况，积极参与 APEC 9 个部门自由化的磋商，做出了包括环境在内的相关承诺。但是，基于当时环保产业发展的考虑，对 APEC 提案中提出的 186 个 6 位税号环境产品中国仅就其中 25%的产品做出了自由化承诺。尽管如此，中国参与 APEC 环境产品部门自由化的积极性并未降低，在 2012 年达成的 APEC 环境产品清单中有 54%的产品由中国提出。在环境服务合作方面，中国也积极参与，在 2012 年 APEC 环境产品清单达成之后，APEC 成员将关注重点转移至环境服务自由化方面，中国对此仍保持积极的态势，2015 年中国与日本等 APEC 成员联合提出了 APEC 环境服务行动计划。此外，为推动环境保护领域的合作，1997 年中国专门成立了 APEC 环境保护中心，下设环境保护产业部，推动中国与 APEC 成员在环境产品与服务领域内的交流与合作。

（3）积极申请和开展环境产品与服务贸易项目

自 1999 年开始，中国在环境产品与服务方面积极申请和开展相关项目，迄今已经申请并开展 7 个项目，分别是：1999 年的"亚洲金融危机对 APEC 经济体环境产品与服务贸易自由化的影响研究"、2004 年开始的"APEC 环境产品与服务贸易自由化影响研究"、2008 年开始的"APEC 环境服务贸易自由化调查"、2010 年"APEC 环境服务贸易信息交流"、2011 年的"APEC 环境技术市场调查"、2012 年的"APEC 环境服务相关技术市场研究"、2014 年"APEC 环境产品降税能力建设"等项目，这些项目的开展及所提供的政策建议对于促进 APEC 环境产品与服务工作、促进 APEC 各成员环境产品与服务信息交流，提高他们在环境产品与服务部门发展能力等方面发挥了重要作用。以 2014 年开展的"APEC 环境产品降税能力建设"项目为例，为了解各成员的需求，中国对 APEC 21 个经济体环境产品降税情况进行了全面调查，调查了解到 APEC 成员就清单产品降税承诺实施方面处于三种状态：第一种状态是已完成降税承诺，21 个经济体中有 4 个经济体已经完成了 APEC 环境产品清单降税工作，分别是新西兰、新加坡、澳大利亚、日本；第二种状态是大部分产品已达到领导人承诺的降税水平，秘鲁在 54 个 6 位税号产品中只有 4 项产品需要降税，其他 50 项六位税号产品关税已经等于或低于 5%，满足了 2012 年承诺要求；第三种状态是离领导人承诺的降税水平还有一定差距。除了上述 5 个经济体，提供有效反馈的其他经济体均处于环境产品降税的研究阶段，其中，韩国正在分析环境产品降税带来的经济影响；智利正在收集各方面信息；印度尼西亚正在建立降税的共识并在相关部门组建工作组，就降税开展讨论；越南正在向相关机构进行咨询；文莱正在识别和对应 HS（Harmonised System）编码和产品描述；菲律宾正在识别环境产品并与私营部门进行协调和咨询。可以看出，APEC 大多数成员对于实施环境产品清单降税承诺还存在较大的压力，为此中国于 2014 年专门就实施环境产品降税承诺开展能力建设，会议主要讨论了环境产品清单实施进展，并就清单实施的重点问题进行了讨论，这些问题主要来自实施层面，包括产品描述和税号的不一致、如何识别 6 位税号下哪些产品是环境产品，即 ex-outs 中产品如何确定，HS 和 AHTN（ASEAN Harmonised Tariff Nomenclature）编码转换等问题，指出为实现 APEC 领导人关于环境产品的降税承诺，需要将上述问题一一解决，同时还需继续通过能力建设活动为有关经济体提供实施降税的技术支持，有力推动了 APEC 环境产品降税承诺的实现。

（4）积极提交并更新 IAP 报告中的环境服务章节

根据《大阪行动议程》执行框架的规定，从 1996 年起 APEC 成员每年都要制订各自贸易投资自由化和便利化的单边行动计划，并经高官会汇总后提交年底的部长级会议和领导人会议审议通过。从 2005 年开始中国每年提交的 IAP 中新增环境服务章节，对环境服务在运营要求、服务提供方的执照和资质要求、外资要求、最惠国待遇等方面对开放环境服务贸易市场做出具体承诺（见表 7-3）。从 2010 年开始，IAP 改为每两年提交一次。

表 7-3　中国在 IAP 中历年对环境服务部门的初始承诺及相关改进

年份	中国在 IAP 中对环境服务部门的初始承诺及相关改进
2005	**环境服务**（IAP 首次报告） **运营要求：** 目前，中国在环境保护领域没有特别的管制体系。除环境保护法和其他环境保护相关法律、法规和政策外，还有外商投资、服务和工程等相关规定包含环境保护相关条款，如《外商产业投资指导目录》《"十五"期间加快发展服务业若干政策措施的意见》《关于加快市政公用行业市场化进程的意见》《推进城市污水、垃圾处理产业化发展意见》。总的来说，环境服务是中国鼓励外资进入的服务部门。 **服务提供商许可和资质要求：** 对外国投资者没有特别或特殊的要求。 由环境保护总局签发的相关规定信息如下：污染设施运营资质、建设项目环境影响评价资质、固废运营资质。 **市场准入条件：** 对于外商投资的限制在中国 GATs 中已经列出。除污染源检查和环境质量监测外，中国对其他所有环境服务市场开放做出了承诺。模式三有合资要求但对股比不作限制。 **国民待遇：** 在 WTO 框架下，中国对外资没有歧视性条款，仅进行水平承诺
2006	**环境服务**（改进） **运营要求：** 无 **服务提供商许可和资质要求：** 根据 2004 年 12 月 10 日生效的环境污染处理设施运营许可措施，截至 2006 年 9 月 29 日有 7 家企业获得该资质。 2005 年 7 月 14 日，环境保护总局签署注册环保工程师制度暂行规定及实施细则。 2005 年 10 月 1 日，《废弃危险化学品污染环境防治办法》实施。 2006 年 1 月 1 日，《建设项目环境影响评价资质管理办法》实施。 **外商准入：** 无 **歧视性待遇/最惠国待遇：** 无
2007	**环境服务**（改进） **新措施和规定：** 关于发布达到机动车排放标准第二阶段和第三阶段排放限值的新生产机动车型和发动机型的公告 关于发布《危险废物鉴别标准　通则》等 7 项环境保护标准的公告 关于发布环境保护标准《环境标志产品技术要求　生态住宅（住区）》的公告 关于部分可用作原料的固体废物暂时行限制进口管理的公告

年份	中国在 IAP 中对环境服务部门的初始承诺及相关改进
2008	**环境服务（改进）** **运营要求：** 环境服务市场进一步向国内外提供者开放 在中国-东盟自由贸易协定和中国-智利自由贸易协定中，对外国企业的限制被取消。 **服务提供商许可和资质要求：** 从上次 IAP 以来，中国环境服务管理部门从环境保护总局升格为环境保护部，环境服务部门保持持续开放政策 环境保护部在该领域 2008 年的主要规制措施是建立了关于污染源自动监测的运营管理措施
2009	**环境服务（改进）** 与 2008 年 IAP 一样
2010	**环境服务（改进）** 2010 年 10 月 15 日实施最新化学物品措施
2012	**环境服务（改进）** 中国鼓励和支持外商投资和资本进入环保产业，包括环境服务业。 1．2010 年 4 月发布的国务院《关于进一步做好利用外资工作的若干意见》鼓励外资进入节能和环保产业； 2．2011 年 4 月发布的《环境保护部关于环保系统进一步推动环保产业发展的指导意见》要求大力推进环境保护设施的专业化、社会化运营服务。在城市污水处理厂、垃圾处理厂和有害废物处理运营领域完全引入市场机制。同时还要求加强环境信息的传播； 3．2011 年 9 月发布的《关于促进战略性新兴产业国际化发展的指导意见》鼓励提升节能环保等领域的国际化程度。 此外，新化学物质环境管理办法、进出口环保用微生物菌剂环境安全管理办法、消耗臭氧层物质管理条例分别于 2010 年 10 月 15 日、5 月 1 日和 6 月 1 日实施
2014	**环境服务（改进）** 1．2011 年颁布《放射性废物安全管理条例》，规定了放射性废物在排放、处理、储存、处置、运输及紧急情况方面的安全管理，该条例于 2012 年 3 月 15 日生效。 2．2012 年 8 月颁布《气象设施和气象探测环境保护条例》，包括分类保护和不同层级管理原则，该条例于 2012 年 12 月 1 日生效。 此外，《污染源自动监控设施现场监督检查办法》《环境污染治理设施运营资质许可管理办法》《危险化学品环境管理登记办法（试行）》分别于 2012 年 4 月 1 日、2012 年 9 月 1 日和 2013 年 3 月 1 日生效

资料来源：作者根据 APEC 网站及相关文献资料搜集整理。

（5）积极促成环境产品与服务领域经济技术合作

出于发展环境产业的技术需求和市场竞争的现实考虑，中国也在积极促成 APEC 成员间环境技术的转让，在 APEC 部长会议上中国商务部前部长陈德铭曾呼吁：在环境产品自由化问题上也应遵循"共同但有区别的责任"原则，发达成员应切实加大力度向发展中成员转让绿色环保技术，从根本上帮助他们提高应对气候变化，实现可持续增长的能力。在中国努力促成下，2009 年 APEC 领导人宣言和环境产品与服务工作计划最终写入了关于加强技术转让的表述。

（6）发起并推动 APEC 开展绿色供应链相关合作

尽管 APEC 开展供应链的相关合作可以追溯到 2001 年上海峰会，但是 APEC 真正开始关注绿色供应链问题则是始于 2014 年 APEC 中国年。在中国积极推动下，经过天津绿色发展高层圆桌会议以及第三次高官会等一系列磋商，绿色供应链议题的建议最终得以采纳，并写入《北京宣言》之中，宣言中指出："我们积极评价 APEC 绿色发展高层圆桌会议及《APEC 绿色发展高层圆桌会议宣言》，同意建立 APEC 绿色供应链合作网络。我们批准在中国天津建立首个 APEC 绿色供应链合作网络示范中心，并鼓励其他经济体建立示范中心，积极推进相关工作。"可以说开展绿色供应链的合作是中国参与 APEC 环境合作取得的重要成果之一。

7.3　中国参与 APEC 环境产品与服务合作的意义

在中国参与 APEC 历程中，环境产品与服务合作是中国关注的重点领域之一，在参与过程中发挥了积极主动的作用，推动了 APEC 环境产品与服务合作，并积极影响了贸易框架下环境规则的制定，中国参与 APEC 环境产品与服务合作有两个方面的意义：

一方面，中国的参与对于 APEC 环境产品与服务合作有着重要的意义。目前中国经济总量全球排名第二，货物贸易已经占据世界首位，是亚太地区许多 APEC 成员第一大贸易伙伴，在环境产品与服务合作领域没有中国的参与，APEC 对区域的影响将会大幅降低；另外，中国经过快速的发展，经济总量已排在世界前列，但人均水平仍然较低，因此在参与 APEC 环境产品与服务合作时，兼具发达成员和发展中成员两方面的需求，能较好地协调和促成 APEC 不同经济发展水平成员间的合作。从环境产品与服务业发展水平来看，中国环境产业的发展起步晚、发展快，经过近年来的快速发展，兼具"走出去"和"引进来"两方面的需求，因此在推动环境产品与服务合作时，能较好把握不同发展水平成员的利益诉求，协调和促成相关合作的开展，因此中国的发展阶段决定了中国参与环境产品与服务合作对于 APEC 具有重要意义。

另一方面，参与 APEC 环境产品与服务合作对于中国也有重要意义。积极参与 APEC 环境产品与服务合作不仅展现了中国走绿色发展道路的形象，也能借助 APEC 相关环境产品与服务合作，开拓相关国际市场，引进环境技术，从而培育和壮大中国的环境产品与服务产业。

8 APEC 环境产品与服务合作发展趋势和建议

8.1 APEC 环境产品与服务合作发展趋势

尽管 APEC 是一个区域经济合作组织，而非环境组织，但是由于环境与经济贸易的相关性，其仍然非常关注环境事务；尽管 APEC 的领域中还没有将环境作为单独的领域，但是，APEC 在环境产品与服务合作方面做了大量工作，而且对推动 WTO 等多边贸易组织以及联合国环境规划署（UNEP）等环境组织相关工作发挥了重要作用。推动亚太区域的可持续发展，实现绿色增长目标，是 APEC 的重要使命和长期任务。作为实现这一目标重要途径的环境产品和服务，未来，仍然会进一步发展。

8.1.1 APEC 环境产品清单影响将进一步扩大，但仍面临一些技术和实际操作问题

APEC 环境产品清单"两扩"。2012 年，APEC 环境产品清单的达成以及清单产品的降税，推动了 APEC 区域绿色增长和持续发展，然而其意义和影响并不仅仅局限于此以及局限于 APEC 内部。一是 APEC 环境产品清单作为 WTO 诸边环境产品谈判的基础，实现了"双扩"，即一方面扩大接受 APEC 环境产品清单的成员，实现"成员扩"。也就是说，APEC 环境产品清单不仅在 APEC 经济体内部适用，进一步拓展到 WTO 各成员。尽管

WTO 的诸边环境产品协定谈判还未最终落地，但是该诸边协定谈判的启动以及将 APEC 清单作为谈判基础的原则就已经说明了 APEC 环境产品清单和适用主体的扩展，而且，随着 WTO 诸边环境产品协定成员的不断增加，APEC 环境产品清单的影响力和范围将会进一步增大。另一方面扩大环境产品清单上产品的数量，实现"清单扩"，最终使得 APEC 环境产品清单的影响力进一步增大。即使在 APEC 内部，也存在清单本身扩展的可能。因为，环境产品清单并不是一个最终的或封闭的清单，随着 APEC 各成员经济体在环境与贸易领域博弈的深入，APEC 环境产品清单存在进一步探讨和修改的可能：由 54 个 6 位税号扩展到更多个或者增加更多的类别。例如，印度尼西亚 2013 年已经提出增加"棕榈油""橡胶""纸和纸浆"三类产品。尽管有一些反对的声音，但也不失一种倾向，毕竟至少从环境角度本身而言，54 个 6 位税号产品绝对不是环境产品全部。况且，随着新环境问题的出现，环境产品仍然都在不断变化和更新中。二是 APEC 环境产品清单的达成和实施将促进区域绿色增长，扩大其影响，APEC 环境产品清单涵盖了大部分环境污染治理领域，通过降税使得各成员能以更低成本获得这些产品应对环境问题，这将对 APEC 区域环境提升产生积极作用。三是 APEC 环境产品清单达成和实施的长期和深远影响将逐步显现，从表面上看，APEC 环境产品清单达成和实施仅是这些产品税率的降低，然而从深层来看，这更是一个实现贸易利益与环境利益相互平衡的标志，标志着在推动贸易进一步自由化的同时也能进一步促进了区域环境的改善。因而 APEC 环境产品清单的达成在 APEC 环境产品与服务合作领域将产生长期的和深远的影响。

环境产品的多用途问题、全生命周期评估等问题短时间内难以解决。尽管 APEC 提出了环境产品清单，但是该清单如何降税，仍然存在一些争议，一个是多用途问题，另一个是全生命周期评估问题。这些也是 WTO 谈判迟迟不能有所进展的原因。关于多用途问题，根据有关分析表明在 HS 6 位税号代码下面的 440 种环境产品中有将近一半的产品具有多种用途（UNCTAD，2011）。APEC 此次达成的环境产品清单上的环境产品也不例外，此次清单上列出的产品尽管都具有环境用途，但是某些产品的其他应用同样非常重要甚至更广泛。如果考虑此因素，则海关监管和实施部门如何鉴别哪些是环境用途哪些是非环境用途则也是一个难题。如果将所列 6 位税号下的产品都作为降税对象，由于 6 位税号产品范围广泛，那么很多非环境用途，甚至有可能环境污染或高耗能产品也被作为环境产品，这样是不是存在降税"搭便车"问题？是不是与保护环境的目的相悖？另外，尽管列出了清单，环境产品的标准到底是什么？对于环境友好产品（EPPs）是不是需要，或者如何进行全生命周期评价？这些问题将是需要考虑但短期内难以解决的问题。

8.1.2 APEC 环境服务合作将逐渐受到重视并加强

APEC 环境服务合作进一步被加强。环境服务将由环境产品的"配角"逐渐和其"平起平坐"。APEC 继环境产品后推动环境服务贸易自由化和便利化原因有三个方面：一是推动环境产品与服务贸易自由化和便利化是 APEC 贸易和投资自由化、区域经济一体化重要内容，更是推动绿色增长、解决全球环境问题和实现可持续发展的重要途径；二是环境产品与环境服务是环保产业的一体两翼，仅仅是推动环境产品的贸易自由化并不能完全实现环保产业的贸易和投资自由化，或者说环境产品的贸易自由化仅仅是启动了推动环保产业贸易和投资自由化的一只引擎，环境服务的贸易自由化和便利化则是推动环保产业贸易和投资自由化的另一只引擎；三是 APEC 成员中许多发达经济体环境服务业所占产值比重已经超过或远远超过生产环境产品的相关制造业。因此，APEC 在环境产品降税上取得共识之后，环境服务贸易自由化和便利化将是其推动的下一个重点领域。从 APEC 领导人宣言及部长申明以及目前已经开展的活动便可以看出端倪。事实上，2014 年日本等经济体提出了"环境服务贸易自由化和便利化倡议"，该倡议也已被 2014 年 11 月 APEC 部长级会议批准，并将"环境服务贸易自由化和便利化行动方案"的制定列为 2015 年 APEC 的优先工作。目前，"APEC 环境服务行动计划"已经被通过并将落实提到具体议事日程。以下三个方面的行动被一致同意：一是制订环境服务贸易自由化行动计划，二是界定环境服务范围，三是识别阻碍环境服务贸易自由化的政策和措施。可见，环境服务分类与范围界定有可能成为继环境产品清单颁布后的又一重点，而这将是消除非关税壁垒及其他相关政策的重要基础。这也就意味着，未来APEC 加强环境服务也必将是重要趋势和内容。

消除环境服务非关税壁垒将成为重要关注。对内削减环境产品关税取得了阶段性成果。此后，APEC 范围内环境产品与服务的关税壁垒已经不再是影响环境产品与服务贸易自由化的主要障碍了，进一步推动 APEC 区域绿色发展和环境产品与服务贸易自由化将从非关税壁垒着手，例如，日本联合中国、美国等经济体提出的"环境服务贸易自由化和便利化倡议"中明确指出未来的工作重点将在识别影响环境服务贸易的各项规制和措施上，即找出阻碍环境服务贸易的限制措施以及促进环境服务贸易的政策和措施并建立最佳实践案例。事实上，目前 APEC 范围内由于各经济体发展水平不同、管理体系也存在着较大的差异，因此各成员间进行环境产品与服务贸易还存在着许多的非关税壁垒，如：环境项目的本地化要求、政府采购的特殊偏好、附带条件的援助、本地补贴、化石能源补贴、技术标准、价格管控、进口歧视等，根据 GTA（Global Trade Alert）对 2008 年 1 月以后的调查统计显示，目前全球影响贸易的措施以非关税措施为主。由此可见，APEC 在环境产品关税壁垒削减方面取得阶段性成果后，为进一步推动环境产品与服务贸易自由化，势必会将注意力和精力转向阻碍环境产品与服务贸易自由化的非关税壁垒上。

环境服务能力建设等活动将进一步增多。随着对环境服务知识和内容了解的需求以及"APEC 环境服务行动计划"的实施，关于环境服务范围的讨论和能力建设等活动将进一步增加。另外，关于环境服务贸易非关税壁垒的相关问题也需要深入讨论，这些将是未来消除环境服务贸易非关税壁垒的重要基础。

8.1.3　加强公私合作伙伴关系将成为推动 APEC 环境产品与服务合作的重要途径

环境产品与服务，特别是环境服务由于其具有公益性和外部性特性，主要由政府部门负责。然而由于政府部门的非专业性，往往会造成提供的环境服务效率低下，在政府财政紧张的时候，更会造成环境服务供给不足。因此，在环境产品与服务领域加强公私合作伙伴关系已成为全球共识。APEC 作为亚太地区级别最高的非正式论坛，在公共部门和私营部门之间架起桥梁具有独特的优势。APEC 开展的各项活动，既有高层对话，也有具体政策发布、能力建设、产业博览和研究项目，将各个方面的利益相关者都纳入了进来，建立了良好的公私互动关系。因此，为进一步推动区域绿色增长，APEC 将利用其优势，将公共部门和私营部门都纳入进来，共同推动环境产品与服务贸易自由化。可以预见继 APEC 在 2014 年和 2015 年举办的两次环境产品与服务公私对话后，环境产品与服务公私对话将进一步深化。一是从对话领域而言，从清洁和可再生能源到大气、水污染治理以及环境友好型产品等多个领域；二是进一步提升环境产品和服务公私合作，深化绿色价值链和企业绿色供应链的对话；三是更多企业和公众等参与到 APEC 环境产品和服务活动中来。

8.1.4　环境产品与服务合作对贸易规则环境条款的影响将加深加大

APEC 环境产品和服务合作对贸易规则中环境条款的影响进一步加大。APEC 已经于 2014 年提出构建亚太自由贸易区（FTAAP），并正式发布了《亚太经合组织推动实现亚太自贸区北京路线图》。根据该路线图以及 APEC 领导人达成的共识，亚太自由贸易区应该是全面的、高质量的，并包含"下一代"贸易和投资议题的自由贸易协定。按照目前区域或双边 FTA 的发展特征及发展趋势，环境产品和服务一般都会作为一个条款，或在环境章节中，或在合作章节中，或在其他部分。在 FTA 中，环境被认为是"下一代"贸易和投资议题，如果自由贸易协定不包含环境议题，应该不是全面的和高质量的。由此，可以预测，至少在亚太自由贸易区中包含环境产品和服务的可能性会非常大，而且，受其影响，APEC 各经济体在未来其自己的双边或多边 FTA 中包含环境产品和服务的概率也会越来越大。可以说，起源于 APEC 的环境产品与服务合作在贸易协定环境规则中的影响程度和范围将会逐渐增大。

8.2 对策建议

APEC 环境产品与服务合作是促进区域和全球绿色经济增长的重要方式，符合各成员的共同利益，APEC 已经在环境产品与服务合作方面进行了有益探索，而且卓有成效，具有丰富经验，甚至具有其他国际组织不可比拟的优势，有很大潜力，能够发挥更大的作用。中国是 APEC 中的重要成员，在推动 APEC 环境产品与服务合作方面发挥了重要的主导作用，未来继续能够发挥大的作用。为此，提出如下建议：

8.2.1 对 APEC 的建议

APEC 已经在推动环境产品和服务合作方面务实、延续性地开展了大量工作，发挥了重要作用，而且，考虑到其支持和推动多边贸易体制的宗旨及其成员组成的多样性和互补性，APEC 还具有其他国际组织不可比拟的优势，能够发挥更大的作用。APEC 应该继续在环境产品与服务合作方面发挥引领作用。

第一，加强环境产品与服务合作能力建设

APEC 经济体由于发展阶段不同，在促进环境产品与服务贸易自由化方面的能力也不尽相同，因此，APEC 应定期开展能力培训，提升各成员的环境产品与服务合作能力。加强环境产品与服务的能力建设内容应写到领导人宣言或部长声明中，具体内容可放到 APEC 环境产品与服务行动计划中，作为其中的重要内容。能力建设的形式可以多样，包括研讨会、专业培训、试点示范考察等，如召开 APEC 环境产品降税能力建设培训、APEC 环境服务范围及分类体系国际研讨会等。能力建设对象既可以包括从事 APEC 工作的贸易官员，也可以包括环境管理相关人员；既可以包括官员，也可以包括从事环境产品与服务的企业管理和技术人员。APEC 环境产品与能力建设可以由秘书处统一组织，也可以由相关经济体提出申请，牵头组织。

第二，加强环境产品与服务合作的信息交流

环境产品和服务合作涉及供给和需求两个方面，因此，促进供给方和需求方的信息交流非常重要。实际上，许多案例表明，一方面环境产品和服务供给方不知道谁需要其产品和服务，另一方面，环境产品和服务需求方不知道去哪里购买其所需产品和服务。建立环境产品与服务信息分享机制至关重要。一是在 APEC 环境产品和服务网站中建立环境产品和服务数据库，该数据库应该包括环境产品和技术相关信息，成为 APEC 企业投资和购买平台，同时对公众开放。二是鼓励各经济体举办 APEC 环境产品和服务博览会和展览会，在博览会和展览会举办期间举办各种环境产品和服务高层论坛，论坛包括官员和企业人员，促进公私对话。三是与时俱进，建立 APEC 环境产品与服务微信平台，并利用此新媒体传播 APEC 网站信息。鼓励从事 APEC 环境产品和服务的人员建立自媒体开展 APEC 环境产品和服务的宣传。四是 APEC 资助的项目评估机制中，将促进信息交流作为其中一个指标，推动环境产品和服务相关成果的公开和信息交流。

第三，促进成员间环境标志产品互认

环境标志产品互认是促进环境产品与服务合作的重要内容，是统一环境产品和服务标准的有益尝试和先行阶段。APEC 成员之间已经开展了部分环境标志产品双边互认，比如中国和日本、韩国等。建议在此基础上 APEC 开展多边环境标志产品认证。首先，在领导人宣言或部长声明等政策文件中提出鼓励开展多边环境标志产品认证的倡议，并在环境产品与服务行动计划中列出具体措施。其次，APEC 制定环境标志产品认证标准和范围，制定环境标志产品最佳示范案例，作为落实 APEC 环境产品与服务工作计划的具体行动。另外，环境服务部门范围非常广，包括污水处理服务、固废处置服务等，不同部门有其自己标志和认证体系。一个经济体从事环境服

务的公司或个人去另一个经济体从事环境服务必须相应取得该经济体的资质，造成很大障碍，是一种非关税壁垒。APEC 可以在促进环境服务职业资格互认方面发挥重要作用，具体措施可以包括：开展关于促进和寻求有效手段便利相互职业资格互认的合作研究；举办促进职业资格互认研究的研讨会；在 APEC 区域自由贸易协定中提出这样的互认系统；执行几个示范项目。

第四，加强环境产品与服务相关研究

开展相关研究是推动环境产品与服务行动计划具体落实的基础，APEC 以往开展的环境产品与服务研究成果对促进 APEC 环境产品与服务工作发挥了重要作用。应在此基础上，继续开展环境产品与服务的相关研究。建立 APEC 环境产品与服务专家库，组织专家定期开展交流与讨论，邀请他们作为观察员参加相关高官会或工作组会。研究内容可包括：环境产品关税减让的环境和社会经济影响、环境服务分类体系和统计研究、环境服务非关税壁垒识别研究、促进环境产品与服务贸易自由化的政策制定和路线图等。APEC 应为这些研究提供经费支持，作为 APEC 成果，并及时进行成果共享，也鼓励各成员自行或合作开展相关联合研究。

第五，加强环境产品与服务技术转让

环境产品与服务合作是否能够深入、持续，与环境产品与服务技术转让程度密切相关。一是明确 APEC 环境产品与服务技术转让合作目标；二是开发 APEC 经济体环境产品与服务技术市场调查和分析项目，确认环境产品与服务技术合作的关键领域；具体活动包括开展发展中成员的环境产品与服务技术需求评估、了解已经成熟的成本有效的环境产品与服务技术；三是开发 APEC 环境产品与服务技术转让指南和最佳实践（good practice）手册；四是建立环境产品与服务技术转让基金；五是促进 APEC 各工作组间的合作，包括服务工作组，市场准入组及知识产权专家组等；六是设立 APEC 环境产品与服务技术转让中心。

第六，加强环境产品与服务合作和构建绿色供应链的相互支持

绿色供应链的打造离不了环境产品与服务的大力支持，在绿色供应链的各个环节均需要环境产品与服务的嵌入，因此，作为推动 APEC 实现区域绿色增长和可持续发展两个重要引擎的环境产品与服务合作与绿色供应链未来应加强相互支持，协力推进 APEC 区域绿色增长和可持续发展。一是在政策层面将协同推进二者工作写入 APEC 相关文件；二是在打造绿色供应链样板时应同时配套相应的环境产品与服务示范与试点；三是开展环境产品与服务如何提升绿色供应链公私对话。

第七，APEC 应该促进环境产品和服务的贸易便利化并简化程序

APEC 已经采取了一些措施促进环境产品和服务的贸易便利化以及程序简化。以签证申请程序为例，APEC 已经实施了商务旅行卡（ABTC）机制，便利或免除签证申请，而且对那些产品或服务的销售人员、商务参会人员等引入了短期的 3 年期多次往返签证。而且，APEC 已经编辑了签证申请表及其他相关信息，例如 APEC 商务旅行手册。这些措施大大便利了亚太地区的自然人移动。开展贸易便利化有助于节约环境产品与服务合作的时间成本，提高效率。为进一步促进环境产品和服务贸易便利化，简化相关程序，关于签证问题，建议进一步拓宽 APEC 商务旅行卡的发放范围，明确商务旅行卡的具体发放路径；各成员的限制措施在其 IAP 报告中指明。

第八，推动亚太自由贸易区开展环境影响评价，制定环境条款文本

一是开发并发布 APEC 贸易协定环境影响评价导则；二是根据 APEC 贸易协定环境影响评价导则对亚太自由贸易区开展环境影响评价，并将环境影响评价作为 FTAAP 可行性研究的重要组成部分，将环境影响评价结果作为亚太自由贸易区谈判框架及内容设定的基础；三是鼓励 APEC 各经济体利用 APEC 贸易协定环境影响评价导则对其 FTA 开展环境影响评价，将 APEC 各经济体开展的贸易协定环境影响评价内容作为落实 APEC 环境产品与服务工作计划的主要内容；四是推动制定亚太自由贸易区环境条款文本，将环境产品与服务贸易自由化作为其中的内容。

8.2.2　对中国的建议

根据上面的影响及趋势分析，考虑到开展 APEC 环境产品与服务合作是各经济体共识，也符合中国环境污染治理、贸易发展等各方面利益，因此，中国应采取措施积极推动和深化 APEC 环境产品与服务合作。

第一，提高对我国推动 APEC 环境产品与服务合作重要性的正确认识，提升参与的主动性和引导性

开展 APEC 环境产品与服务合作符合我国环境利益，环境利益是我国利益的重要组成部分，是贸易与环境谈判领域科学发展观与生态文明的具体体现。一是从"十三五"污染减排目标实现角度，我国对国外环境产品与服务具有强大和迫切需求，而推动环境产品与服务合作有助于满足我国环境保护需求。二是 APEC 环境产品与服务合作以及环境产品与服务贸易自由化与国内相关政策要求一致。2011 年 10 月发布的国务院《关于加强环境保护重点工作的意见》（国发〔2011〕35 号）第九条提出"大力发展环保产业。扩大环保产业市场需求。制定环保产业统计标准。加强环境基准研究……"2010 年发布的国务院《关于加快培育和发展战略性新兴产业的决定》将环保产业列为新兴产业之首，享受一系列优惠政策。推进 APEC 环境产品与服务合作有利于我国通过市场手段推动产业发展，与国务院《关于加强环境保护重点工作的意见》及其他相关政策的要求是完全一致的。三是加强关于环境产品与服务合作提案提出的主动性。

第二，推动将 APEC 达成的环境产品与服务贸易自由化成果应用到我国国内政策中

在 APEC 达成关于推动环境产品与服务贸易自由化的成果，应及时转化为国内政策，应用到我国国内环境治理中。一是和国际接轨，规范用语，将"节能环保产品"或"环保产品"改为"环境产品"。二是积极借鉴 APEC 环境产品清单，制定中国环境产品和服务清单，或确定环境产品和服务的相关范围。三是将 APEC 环境产品清单应用到中国绿色政府采购政策中，即以 APEC 环境产品清单为基础列入绿色政府采购清单。四是以 APEC 环境产品清单为基础，完善环境产品标准体系。五是将 APEC 环境产品清单应用到环保产业政策实施中，对 APEC 环境产品清单产品实施税收等政策优惠，使扶持环保产业优惠政策真正落地。六是将 APEC 环境服务范围界定与国内相关统计和研究工作相结合。

第三，积极开展环境产品与服务相关研究

我国已经开展了环境产品与服务相关研究，建议推动 APEC 相关工作，进一步深化。近期建议包括：一是深化环境服务分类体系研究。对比国际、国内环境服务分类体系；结合 APEC 推动环境服务合作的需要以及我国国内环境治理需求，提出我国的环境服务分类。二是研究环境产品与服务贸易自由化的壁垒，如不同技术标准、本地化要求以及歧视性补贴等。相比较关税壁垒而言，这些非关税壁垒具有更加隐蔽的特征。具体研究包括通过经济体间合作以及公共部门和私营部门的合作，共同找出目前环境产品与服务贸易面临哪些非关税壁垒；找出促进环境产品与服务贸易的最佳实践案例，建立良好规制集锦；通过联合 APEC 各个成员经济体共同找到破解环境产品与服务贸易的非关税壁垒方法。三是加强对亚太地区贸易框架下环境规则的一致性和差异性分析与研究。系统梳理亚太地区目前在贸易框架下已存在的环境规则，并进行对比分析，找出一致性环境规则条款的同时系统评估各条差异性环境规则对 APEC 成员贸易和环境可能产生的影响。

第四，建立 APEC 环境产品技术传播信息交流平台

中国已经提出制订 APEC 环境技术传播行动计划提案，建立 APEC 环境产品与服务技术传播信息交流平台将是其落实领导人宣言和这一计划的具体行动和措施。具体交流内容包括：一是建立物质性和虚拟性两种信息交流平台。物质性交流平台包括定期组织 APEC 环境产品和服务展览会和博览会，并将相关活动定期化、机制化、平台化。虚拟性交流平台包括更新补充和完善已有的 APEC 环境产品和服务网站，添加 APEC 环境产品和服务技术市场及供需情况数据库，例如制作 APEC 环境友好型技术清单和数据库等，并进行动态更新。二是开展最佳实践示范案例宣传和推广，开发 APEC 环境产品技术转让指南和最佳实践（good practice）手册。三是开展相关能力建设，特别是对发展中经济体的能力建设。四是建立环境产品技术转让基金。

第五，鼓励多方主体参与到 APEC 环境产品与服务自由化工作中

环境产品和服务贸易自由化不仅仅是公共部门的工作，推动其自由化将惠及至包括环保产业在内的多个产业部门，因此该项工作需要积极鼓励各个利益相关主题参与到其中，共同努力推动其贸易自由化。具体有：一是开展公共部门和私营部门间的对话，了解各方关切，共同找出问题和解决方案，例如环境服务贸易的非关税壁垒、环境技术的转移以及环境产品与服务领域的投资和市场准入障碍等；二是加强开展智库交流工作，建立智库间信息沟通网络，以联合研究、论坛、对话以及技术博览等方式，进一步探索如何推动环境产品和服务贸易自由化。

第六，建立中国推动 APEC 环境产品与服务合作的保障机制

为顺利实现上述目标，必须建立 APEC 环境产品与服务合作的保障机制。一是开展前瞻性内部研究，支持谈判工作。基础和政策研究是决策服务和谈判工作的重要基础，也是开展对外宣传和交流的必要条件。如果没有比较扎实的研究成果做支撑，我们就很难去主导话语权。鉴于 APEC 已经提出环境服务行动计划，建议列专项开展 APEC 环境服务相关研究；另外，继续推动开展 APEC 环境服务技术市场分析、环境技术需求评估等相关研究。二是逐渐建立起一支知 APEC、精外语，懂环境专业知识、熟悉贸易的专业人才队伍和专家库，建立起政府官员、学者和企业代表等共同参与的合作机制，为未来谈判储备力量。三是加强部门间内部沟通，形成合力。APEC 环境产品与服务合作工作涉及商务部、外交部、环境保护部等相关部门，这些部门的密切协调和合作非常重要，建议定期举行相关部门间的政策对话会等，及时交流信息。四是建立 APEC 环境产品与服务合作的宣传机制，加强 APEC 环境产品与服务合作宣传，视情况可采取以内部专报及新闻媒体等多种形式。

参考文献

[1] APEC CTI Chair. Annex 3 - Work Plan of the CTI FoTC Group on Environmental Goods[DB/OL]. http：//mddb.apec.org/Pages/ default.aspx. 2016-05-10.

[2] APEC CTI Chair. Proposal on trade liberalisation and facilitation of environmental services[DB/OL]. http：//mddb.apec.org/Pages/ default.aspx. 2015-05-10.

[3] APEC CTI Chair. Work plan of the CTI Fo TC group on environmental goods[DB/OL]. http：//mddb.apec.org/Pages/default.aspx. 2015-05-10.

[4] APEC CTI. 2008 annual report to ministers[DB/OL]. http：//www.apec.org/ Home/Groups/Other-Groups/~/media/441C73DB54E746E4835F883BF7154612.ashx. 2016-05-10.

[5] APEC Group on Services. Survey on APEC trade liberalization in environmental services. 2010

[6] APEC ITC. Environment-related services—why services matter for environmental sector[DB/OL]. http：//mddb.apec.org/Pages/default.as px. 2016-05-10.

[7] APEC Peru. Identifying convergences and divergences in APEC RTAs/FTAs[DB/OL]. http：//www.apec.org/~/media/Files/Groups/RTAs_FTAs/ Convergences_Divergences_in_APEC_RTAs-FTAs.doc. 2016-05-10.

[8] APEC Secretariat. APEC report on key developments[DB/OL]. http：//mddb.apec. org/Pages/default.aspx. 2016-05-10.

[9] APEC. Individual action plan submissions [DB/OL]. http：//www.apec.org/About-Us/How-APEC-Operates/Action-Plans/IAP-Submissions.aspx. 2016-09-14.

[10] APEC. Leader's declaration 1993—2015[DB/OL]. http：//www.apec.org /Meeting-Papers/Leaders-Declarations.aspx. 2016-04-27.

[11] APEC. Ministerial statements 1989—2015[DB/OL]. http：//www.apec.org/ Meeting-

Papers/Ministerial-Statements.aspx. 2016-04-27.

[12] Carlos Kuriyama. A snapshot of current trade trends in potential environmental goods and services[J]. Policy Brief, 2012（3）.

[13] Carlos Kuriyama. The APEC list of environmental goods[J]. Policy Brief, 2012（5）.

[14] Colin Kirkpatrick, Clive George, Jamie Franklin.Sustainablility impact assessment of proposed WTO negotiations: sector Studies for enviornmental services, Market Access and Competition. July 2002

[15] Colin Kirkpatrick, Norman Lee. Further development of the methodology for a sustainability impact assessment of proposed WTO negotiations. April 2002.

[16] ICTSD. Opportunities and challenges in developing tradeand investments in environmental services[DB/OL].http: //mddb.apec.org/ Pages/default.aspx. [2016-05-10].

[17] Kirkpatrick, Norman Lee. Further development of the methodology for a sustainablility impact assessment of proposed WTO negotiations, 2002. http: //idpm.man.ac.uk/ sia-trade.

[18] Mahesh Sugathan, Thomas L. Brewer. APEC's environmental goods initiative: How climate-friendly is it? [J/OL]. Bridges Trade BioRes Review, 2012, 6（4）. [2012-11]. http: //ictsd.org/i/news/bioresreview/150577/.

[19] OECD, EUROSTAT. The environmental goods & services industry: manual for data collection and analysis[DB/OL]. http : //unstats.un.org/unsd/envaccounting/ceea/ archive/EPEA/EnvIndustry_Manual_for_data_collection.PDF. 2016.

[20] OECD. The global environmental goods and service industry[DB/OL]. http: //www. oecd.org/sti/ind/2090577.pdf. 2016.

[21] Rendi Witular. Adoption of environmetal goods list top deal at Apec Summit[EB/OL]. http: //www.nationmultimedia.com/business/Adoption-of-environmetal-goods-list-top-deal-at-Ap-30190151.html. [2012-09-11].

[22] Ronald Steenblik. Environmental Goods: A comparison of the APEC and OECD lists[R]. Paris: OECD, 2005.

[23] Senator Ron Wyden. Losing the environmental goods economy to China[R].

International Trade in Environmental Goods 2012 Report，2012.

[24] Veena Jha. Environmental priorities and trade Policy for environmental goods：a Reality Check[R]. ICTSD，2008.

[25] WTO. Members and observers [DB/OL]. https：//www.wto.org/english/thewto_e/whatis_e/tif_e/org6_e.htm.2016-09-14.

[26] WTO. Participation in regional trade agreements[DB/OL]. https：//www.wto.org/english/tratop_e/region_e/rta_participation_map_e.htm. [2016-09-14].

[27] 宫占奎. 亚太区域经济合作发展报告[M]. 北京：高等教育出版社，2011.

[28] 宫占奎，于晓燕.APEC 演进轨迹与中国的角色定位[J]. 改革，2014，（11）.

[29] 宫占奎.APEC 发展历程中的中国烙印[J]. 秘书工作，2014（12）.

[30] 宫占奎.APEC 运作机制研究[M]. 天津：南开大学出版社，2005.

[31] 龚清华.WTO 环境产品贸易自由化问题的研究综述[J]. 经济研究导刊，2013（2）：140-142.

[32] 宫占奎.APEC 茂物目标问题：进展与展望[M]//孟夏. 亚太区域经济合作发展报告2014. 北京：高等教育出版社，2014：111-124.

[33] 李丽平 段炎斐. 全球环境服务业发展及驱动力分析[J]. 环境经济，2011，11.

[34] 李丽平，原庆丹. 环境服务贸易发展报告[M]. 北京：中国环境科学出版社，2012.

[35] 李丽平，张彬，陈超.TPP 环境议题动向、原因及对我国的影响[J]. 对外经贸实务，2014（7）.

[36] 李丽平，张彬，陈超. 自由贸易协定中环境议题情况及中国策略研究[M]//孟夏. 亚太区域经济合作发展报告 2014. 北京：高等教育出版社，2014：295-312.

[37] 李丽平，张彬，肖俊霞. 积极推动开展环境与贸易投资议题[N]. 中国环境报，2015-03-03.

[38] 李丽平，张彬，原庆丹，等. 自由贸易协定中的环境议题研究[M]. 北京：中国环境出版社，2015.

[39] 李丽平，张彬，赵嘉.APEC 环境产品与服务合作进展及趋势分析[M]//刘晨阳. 亚太区域经济合作发展报告 2015. 北京：高等教育出版社，2015：319-336.

[40] 李丽平，张彬.APEC 环境产品清单对中国的影响及其战略选择[J]. 上海对外经贸

大学学报，2014（3）．

[41] 李丽平，张彬. APEC 环境产品与服务合作进程、趋势及对策[J]. 亚太经济，2014（2）．

[42] 李丽平，张彬. APEC 环境产品与服务合作研究[M]//宫占奎. 亚太区域经济合作发展报告 2013. 北京：高等教育出版社，2013：250-270.

[43] 李丽平，张彬. 积极推动 APEC 环境产品与服务合作[N]. 中国环境报，2014-11-04.

[44] 李丽平. 环境服务贸易自由化对中国的影响[M]. 北京：中国环境科学出版社，2007.

[45] 李丽平. APEC 环境产品与服务（EGS）合作问题分析[M]//孟夏. 亚太区域经济合作报告 2012. 北京：高等教育出版社，2012：62-78.

[46] 李丽平. 环境产品清单制定应遵循哪些原则？[N]. 中国环境报，2012-08-14.

[47] 李丽平. 环境产品缘何受 APEC 关注？[N]. 中国环境报，2012-09-11.

[48] 李荣林. APEC 内部 FTA 的发展及其对 APEC 的影响[M]. 天津：天津大学出版社，2011.

[49] 刘晨阳. 2010 年后的 APEC 进程：格局之变与中国的策略选择[J]. 亚太经济，2011（3）．

[50] 孟夏. 中国与 APEC 进程[J]. 国际经济合作，2001（9）．

[51] 曲如晓，李凯杰. APEC 绿色增长问题研究[M]//孟夏. 亚太区域经济合作发展报告 2012. 北京：高等教育出版社，2012：129-146.

[52] 沈骥如. 论中国与 APEC 的相互适应[J]. 世界经济与政治，2002（5）．

[53] 屠新泉，刘斌. 环境产品谈判现状与中国谈判策略[J]. 国际经贸探索，2015（3）．

[54] 谢来辉. APEC 框架下的绿色供应链议题：进展与展望[J]. 国际经济评论，2015（6）：132-147.

[55] 尹翔硕，张涛. APEC 绿色增长的现状、问题及对策分析[M]//孟夏. 亚太区域经济合作发展报告 2014. 北京：高等教育出版社，2014：218-233.

[56] 于晓燕. 中国参与 APEC 贸易投资自由化合作的效果评估与展望[J]. 国际经济合作，2009（11）．

[57] 余振，邱珊. APEC 经济技术合作的现状、趋势与中国的对策[M]//宫占奎. 亚太区

域经济合作发展报告 2013. 北京：高等教育出版社，2013：188-205.

[58] 余振. APEC 供应链合作的现状、趋势及对策分析[M]//孟夏. 亚太区域经济合作发展报告 2012. 北京：高等教育出版社，2012：79-91.

[59] 俞海. 全球环境变化与中国国际环境合作[J]. 国际问题论坛，2008 年夏季号.

[60] 中日污染减排与协同效应研究示范项目联合研究组. 污染减排的协同效应评价及案例研究[M]. 北京：中国环境科学出版社，2012.

[61] 钟娟. 环境产品和服务贸易自由化对中国可持续发展的影响[J]. 学习与探索，2010（4）：171-173.

[62] 李保东. 中国加入亚太经合组织 25 周年回顾与展望[DB/OL]. http://www.fmprc.gov.cn/web/wjbxw_673019/t1414703.shtml？from=singlemessage&isappinstalled=0.

[63] 张军. 亚太区域经济一体化的光明前景[DB/OL]. http：//www.fmprc.gov.cn/web/wjbxw_673019/t1414702.shtml？from=singlemessage&isappinstalled=1.

[64] 谈践. 亚太自贸区：梦想照进现实[DB/OL]. http：//www.fmprc.gov.cn/web/wjb_673085/zzjg_673183/gjjjs_674249/xgxw_674251/t1414705.shtml？from=singlemessage&isappinstalled=1.